化工原理实验

许维秀　熊航行　李　立　主编

化学工业出版社

·北京·

内 容 简 介

《化工原理实验》主要介绍化工原理实验数据误差分析和数据处理方法，流体流动综合实验、对流给热系数测定、精馏塔的操作和全塔效率的测定、干燥速率曲线的测定等化工原理基础实验，旋风分离器演示实验、塔板流体力学性能测定实验、喷雾干燥实验等演示实验，传热实验仿真、精馏实验仿真、吸收解吸实验仿真、萃取塔实验仿真等仿真实验，以及实验数据的计算机处理。书中附有一些常用数据和阿贝折光仪的使用方法。

本书可作为高等院校化工及相关专业化工原理实验课的教材或者教学参考书。

图书在版编目（CIP）数据

化工原理实验 / 许维秀，熊航行，李立主编.
北京：化学工业出版社，2024.10. -- ISBN 978-7-122-46610-5

Ⅰ. TQ02-33

中国国家版本馆 CIP 数据核字第 2024XG3822 号

责任编辑：彭爱铭
责任校对：宋　玮　　　　　　　装帧设计：关　飞

出版发行：化学工业出版社
　　　　　（北京市东城区青年湖南街 13 号　邮政编码 100011）
印　　刷：北京云浩印刷有限责任公司
装　　订：三河市振勇印装有限公司
787mm×1092mm　1/16　印张 10½　字数 244 千字
2025 年 1 月北京第 1 版第 1 次印刷

购书咨询：010-64518888　　　　　售后服务：010-64518899
网　　址：http://www.cip.com.cn
凡购买本书，如有缺损质量问题，本社销售中心负责调换。

定　价：49.00 元　　　　　　　　　　　版权所有　违者必究

前言

化工原理实验作为化工类人才培养过程中重要的实践环节，在培养知识面宽广，动手能力强，且独立思维能力较强的创新人才教育中起着重要的作用，它具有直观性、实践性、综合性和创新性，而且还能培养学生具有一丝不苟、严谨的工作作风和实事求是的工作态度。近年来，现代化化工厂逐渐实现自动化和半自动化的生产控制，大量的工作人员从繁杂的操作中解脱出来，这对现代化的员工也提出了更高的要求。目前，大型化工厂基本实现 DCS 系统中央集中控制，员工除了掌握基本的化工单元操作知识外，还需要熟悉计算机 DCS 系统控制的相关知识。因此，现代的化工单元操作实验教学也需要跟随社会发展的要求，进行教学改革。本教材以化工单元操作仿真教学以及化工原理实训教学为切入点，推进化工实验教学改革。

本书根据荆楚理工学院化工原理任课教师多年的教学实践总结编写而成。从化工实验研究的共性出发，注重实验教材的实践性和单元操作的工程性，在内容的编排取材上注重理论联系实际和运用实验方法论解决工程问题，紧密结合计算机技术和软件的应用，在原《化工原理实验》讲义基础上进行了修订，更新后的实验主要是加强了演示性、验证性、综合性、设计性实验等方面的内容，新增了化工原理仿真实验（3D）、化工原理实训以及实验数据的计算机处理等内容。对于一些综合性较强、涉及内容较多的实验给出了实验记录和整理表格及实验数据处理和分析方法示例，供学生参考。

本书由荆楚理工学院许维秀、熊航行、李立主编，熊泽云、万芳参与编写，其中，第 1 章～第 3 章由许维秀编写，第 4 章由熊航行编写，第 5 章由李立编写，第 6 章由熊泽云编写，附录由万芳编写。

由于时间和水平所限，书中难免存在不妥之处，衷心地希望读者批评指正，使其日臻完善。

编 者
2024 年 3 月

目录

第1章 绪论 — 001

1.1 化工原理实验目的及要求 — 001
1.1.1 化工原理实验的目的 — 001
1.1.2 化工原理实验的要求 — 002
1.1.3 实验报告的编写 — 005
1.2 化工原理实验室规则 — 006

第2章 实验数据误差分析和数据处理 — 007

2.1 实验数据的误差分析 — 007
2.1.1 误差的基本概念 — 007
2.1.2 有效数字及其运算规则 — 012
2.1.3 误差的基本性质 — 013
2.2 实验数据的处理方法 — 019
2.2.1 列表法 — 019
2.2.2 图示法 — 021
2.2.3 回归分析法 — 023

第3章 化工原理基础实验 — 033

实验1 流体流动综合实验 — 033
实验2 恒压过滤常数测定 — 041
实验3 对流给热系数测定 — 044
实验4 精馏塔的操作和全塔效率的测定 — 055
实验5 吸收塔的操作和吸收传质系数的测定 — 059
实验6 干燥速率曲线的测定 — 066
实验7 液-液转盘萃取实验 — 069

第4章 化工原理演示及选修实验 — 074

实验1 流体的流动状态——雷诺实验 — 074
实验2 旋风分离器的演示实验 — 077
实验3 塔板流体力学性能测定实验 — 077

实验 4　喷雾干燥实验　081

第 5 章　化工原理仿真实验　085

5.1　化工原理仿真实验室功能介绍　085
5.2　化工原理仿真实验　090
实验 1　流动过程综合实验仿真　090
实验 2　恒压过滤实验仿真　103
实验 3　传热实验仿真　106
实验 4　精馏实验仿真　112
实验 5　吸收解吸实验仿真　117
实验 6　萃取塔实验仿真　125
实验 7　洞道干燥实验仿真　131

第 6 章　化工原理实验数据的计算机处理　138

6.1　Excel 基础知识　138
6.2　Excel 处理基本化工原理实验数据示例　139

参考文献　158

附录　159

附录 1　常用数据　159
1. 常压下（101.3kPa）乙醇-水溶液的平衡数据　159
2. 乙醇-水溶液密度与组成的关系　159
3. 常压下乙醇-正丙醇汽液平衡数据　160
4. 30℃时乙醇质量分率与折射率换算公式　160
5. 酒精相对密度与含量对照表（20℃）　160
附录 2　阿贝折光仪的使用方法　161

第1章 绪论

化工原理实验是一门以化工单元操作过程原理和设备为主要内容、以处理工程问题的实验研究方法为特色的实践性课程。通过本课程的学习，巩固和加深对化工原理课程中基本理论知识的理解，了解典型化工设备的原理和操作，掌握化工中用数学模型法和因次论指导下的实验研究方法及数据处理，掌握化工数据的基本测试技术。并能运用所学的理论知识去解决实验中遇到的各种实际问题，培养科学的思维方法及严谨的科学作风。

化工原理实验属于工程实验范畴，与一般化学实验相比，不同之处在于它具有工程特点。每个实验项目都相当于化工生产中的一个单元操作，通过实验能建立起一定的工程概念，同时，随着实验课的进行，会遇到大量的工程实际问题，对理工科学生来说，可以在实验过程中更实际、更有效地学到更多工程实验方面的原理及测试手段，可以发现复杂的真实设备与工艺过程同描述这一过程的数学模型之间的关系，也可以认识到对于一个看起来似乎很复杂的过程，一经了解，可以只用最基本的原理来解释和描述。

本课程内容强调实践性和工程观念，并将能力和素质培养贯穿于实验课的全过程。围绕《化工原理》课程中最基本的理论，开设有基础型和综合型实验等，培养学生掌握实验研究方法，培养学生严谨的科学态度和工程观念，训练其独立思考、综合分析问题和解决问题的能力。因此，在实验课的全过程中，学生在思维方法和创新能力方面都得到培养和提高，为今后的工作打下坚实的基础。

1.1 化工原理实验目的及要求

1.1.1 化工原理实验的目的

（1）巩固和深化理论知识

在学习化工基础课程的基础上，进一步理解一些比较典型的已被或将被广泛应用的化工过程与设备的原理和操作，巩固和深化化工基础的理论知识。

(2) 提供一个理论联系实际的机会

将所学的化工基础等化学化工的理论知识去解决实验中遇到的各种实际问题，同时学习在化工领域内如何通过实验获得新的知识和信息。

(3) 培养学生从事科学实验的能力

实验能力主要包括：

① 为了完成一定的研究课题，设计实验方案的能力；

② 进行实验，观察和分析实验现象的能力，解决实验问题的能力；

③ 正确选择和使用测量仪表的能力；

④ 提高计算与分析问题的能力，运用计算机及软件处理实验数据，以数学方式或图表科学地表达实验结果，并进行必要的分析讨论，编写完整的实验报告；

⑤ 运用文字表达技术报告的能力等。学生只有通过一定数量的实验训练，才能掌握各种实验技能，为将来从事科学研究和解决工程实际问题打好坚实的基础。

1.1.2 化工原理实验的要求

化工原理实验对于学生来说是第一次接触到用工程装置进行实验，学生往往感到陌生，无法下手。有的学生又因为是几个人一组而有依赖心理，为了切实收到教学效果，要求每个学生必须做到以下几个环节。

(1) 课前预习

① 认真阅读实验教材，复习课程教材有关内容。清楚地掌握实验项目要求，实验所依据的原理，实验步骤及所需测量的参数。熟悉实验所用测量仪表的使用方法，掌握其操作规程和安全注意事项。

② 到实验室现场熟悉实验设备和流程，摸清测试点和控制点位置。确定操作程序、所测参数项目、所测参数单位及所测数据点如何分布等。

③ 具有CAI——计算机辅助教学手段时，可让学生进行计算机仿真练习。通过计算机仿真练习，熟悉各个实验的操作步骤和注意事项，以增强实验效果。

④ 在预习和计算机仿真练习基础上，写出实验预习报告。预习报告内容包括实验目的、原理、流程、操作步骤、注意事项等。准备好原始数据记录表格，并标明各参数的单位。

⑤ 特别要考虑一下设备的哪些部分或操作中哪个步骤会产生危险，如何防护？以保证实验过程中人身和设备安全。不预习者不准做实验。预习报告经指导教师检查通过后方可进行实验。

(2) 实验操作环节

一般以3~4人为一小组合作进行实验，实验前必须做好组织工作，做到既分工又合作，每个组员要各负其责，并且要在适当的时候进行轮换工作，这样既能保证质量，又能获得全面的训练。实验操作注意事项如下。

① 实验设备的启动操作，应按教材说明的程序逐项进行，设备启动前必须检查。

(a) 对泵、风机、压缩机、真空泵等设备，启动前先用手扳动联轴节，看能否正常转动。

(b) 设备、管道上各个阀门的开、闭状态是否合乎流程要求。

上述两点皆为正常时，才能合上电闸，使设备运转。

② 操作过程中设备及仪表有异常情况时，应立即按停车步骤停车并报告指导教师，对问题的处理应了解其全过程，这是分析问题和处理问题的极好机会。

③ 操作过程中应随时观察仪表指示值的变动，确保操作过程在稳定条件下进行。出现不符合规律的现象时应注意观察研究，分析其原因，不要轻易放过。

④ 停车前应先后将有关气源、水源、电源关闭，然后切断电机电源，并将各阀门恢复至实验前所处的位置（开或关）。

（3）测定、记录和数据处理

① 确定要测定哪些数据

凡是对实验结果有关或是整理数据时必需的参数都应一一测定。原始数据记录表的设计应在实验前完成。原始数据应包括工作介质性质、操作条件、设备几何尺寸及大气条件等。并不是所有数据都要直接测定，凡是可以根据某一参数推导出或根据某一参数由手册查出的数据，就不必直接测定。例如水的黏度、密度等物理性质，一般只要测出水温后即可查出，因此不必直接测定水的黏度、密度，而应该改测水的温度。

② 实验数据的分割

一般来说，实验时要测的数据尽管有许多个，但常常选择其中一个数据作为自变量来控制，而把其它受其影响或控制的随之而变的数据作为因变量，如离心泵特性曲线就把流量选择作为自变量，而把其它同流量有关的扬程、轴功率、效率等作为因变量。实验结果又往往要把这些所测的数据标绘在各种坐标系上，为了使所测数据在坐标上得到分布均匀的曲线，这里就涉及到实验数据均匀分割的问题。化工原理实验最常用的有两种坐标纸；直角坐标和双对数坐标，坐标不同所采用的分割方法也不同。其分割值 x 与实验预定的测定次数 n 以及其最大、最小的控制量 x_{max}、x_{min} 之间的关系如下。

a. 对于直角坐标系

$$x_i = x_{min} \qquad \Delta x = \frac{x_{max} - x_{min}}{n-1} \qquad \Delta x_{i+1} = x_i + \Delta x$$

b. 对于双对数坐标

$$x_i = x_{min} \qquad \log \Delta x = \frac{\log x_{max} - \log x_{min}}{n-1}$$

$$\Delta x = \left(\frac{x_{max}}{x_{min}}\right)^{\frac{1}{n-1}} \qquad x_{i+1} = x_i \Delta x$$

③ 读数与记录

a. 待设备各部分运转正常，操作稳定后才能读取数据，如何判断是否已达稳定？一般是经两次测定其读数应相同或十分相近。当变更操作条件后各项参数达到稳定需要一定的时间，因此也要待其稳定后方可读数，否则易造成实验结果无规律甚至反常。

b. 同一操作条件下，不同数据最好是数人同时读取，若操作者同时兼读几个数据时，应尽可能动作敏捷。

c. 每次读数都应与其它有关数据及前一点数据对照，看看相互关系是否合理？如不合理应查找原因，是现象反常还是读错了数据？并要在记录上注明。

d. 所记录的数据应是直接读取的原始数值，不要经过运算后记录，例如秒表读数 1 分 23 秒，应记为 $1'38''$，不要记为 $83''$。

e. 读取数据必须充分利用仪表的精度，读至仪表最小分度以下一位数，这个数应为估计值。如水银温度计最小分度为 0.1℃，若水银柱恰指 22.4℃时，应记为 22.40℃。注意过多取估计值的位数是毫无意义的。

碰到有些参数在读数过程中波动较大，首先要设法减小其波动。在波动不能完全消除情况下，可取波动的最高点与最低点两个数据，然后取平均值，在波动不很大时可取一次波动的高低点之间的中间值作为估计值。

f. 不要凭主观臆测修改记录数据，也不要随意舍弃数据，对可疑数据，除有明显原因，如读错、误记等情况使数据不正常可以舍弃之外，一般应在数据处理时检查处理。

g. 记录完毕要仔细检查一遍，有无漏记或记错之处，特别要注意仪表上的计量单位。实验完毕，须将原始数据记录表格交指导教师检查并签字，认为准确无误后方可结束实验。

④ 数据的整理及处理

a. 原始记录只可进行整理，绝不可以随便修改。经判断确实为过失误差造成的不正确数据须注明后可以剔除，不计入结果。

b. 采用列表法整理数据清晰明了，便于比较，一张正式实验报告一般要有四种表格：原始数据记录表、中间运算表、综合结果表和结果误差分析表。中间运算表之后应附有计算示例，以说明各项之间的关系。

c. 运算中尽可能利用常数归纳法，以避免重复计算，减少计算错误。例如流体阻力实验，计算 Re 和 λ 值，可按以下方法进行。

例如：Re 的计算

$$Re = \frac{du\rho}{\mu}$$

其中 d、μ、ρ 在水温不变或变化甚小时可视为常数，合并为 $A = \dfrac{d\rho}{\mu}$，故有

$$Re = Au$$

A 的值确定后，改变 u 值可算出 Re 值。

又例如，管内摩擦系数 λ 值的计算，由直管阻力计算公式

$$\Delta p = \lambda \frac{l}{d} \times \frac{\rho u^2}{2}$$

得

$$\lambda = \frac{d}{l} \times \frac{2}{\rho} \times \frac{\Delta p}{u^2} = B' \frac{\Delta p}{u^2}$$

式中

$$B' = \frac{2d}{l\rho}$$

又实验中流体压降 Δp，用 U 形压差计读数 R 测定，则 $\Delta p = gR(\rho_0 - \rho) = B''R$

式中 $\quad B'' = g(\rho_0 - \rho)$

将 Δp 代入上式整理为

$$\lambda = B'B'' \frac{R}{u^2} = B \frac{R}{u^2}$$

式中 B 为
$$B = \frac{2dg(\rho_0 - \rho)}{l\rho}$$

仅有变量 R 和 u，这样 λ 的计算非常方便。

d. 实验结果及结论用列表法、图示法或回归分析法来说明都可以，但均需标明实验条件。列表法、图示法和回归分析法详见第 2 章 2.2 实验数据的处理方法。

（4）编写实验报告

实验报告根据各个实验要求按传统实验报告格式。实验报告应按规定时间上交，否则报告成绩要扣分；不交实验报告者不允许参加期末笔试。

1.1.3 实验报告的编写

实验报告是实验工作的全面总结和系统概括，是实践环节中不可缺少的一个重要组成部分。化工原理实验具有显著的工程性，属于工程技术科学的范畴，它研究的对象是复杂的实际问题和工程问题，因此化工基础的实验报告可以按传统实验报告格式或小论文格式撰写。

本课程实验报告的内容应包括以下几项。

（1）实验名称，报告人姓名、班级及同组实验人姓名，实验地点，指导教师，实验日期，上述内容作为实验报告的封面。

（2）实验目的和内容

简明扼要地说明为什么要进行本实验，实验要解决什么问题。

（3）实验的理论依据（实验原理）

简要说明实验所依据的基本原理，包括实验涉及的主要概念，实验依据的重要定律、公式及据此推算的重要结果。要求准确、充分。

（4）实验装置流程示意图

简单地画出实验装置流程示意图和测试点、控制点的具体位置及主要设备、仪表的名称。标出设备、仪器仪表及调节阀等的标号，在流程图的下方写出图名及与标号相对应的设备、仪器等的名称。

（5）实验操作要点

根据实际操作程序划分为几个步骤，并在前面加上序数词，以使条理更为清晰。对于操作过程的说明应简单、明了。

（6）注意事项

对于容易引起设备或仪器仪表损坏、容易发生危险以及一些对实验结果影响比较大的操作，应在注意事项中注明，以引起注意。

（7）原始数据记录

记录实验过程中从测量仪表所读取的数值。读数方法要正确，记录数据要准确，要根据仪表的精度决定实验数据的有效数字的位数。

（8）数据处理

数据处理是实验报告的重点内容之一，要求将实验原始数据经过整理、计算、加工成表格或图的形式。表格要易于显示数据的变化规律及各参数的相关性；图要能直观地表达变量间的相互关系。

（9）数据处理计算过程举例

以某一组原始数据为例，把各项计算过程列出，以说明数据整理表中的结果是如何得到的。

（10）实验结果的分析与讨论

实验结果的分析与讨论是作者理论水平的具体体现，也是对实验方法和结果进行的综合分析研究，是工程实验报告的重要内容之一，主要内容如下。

① 从理论上对实验所得结果进行分析和解释，说明其必然性。
② 对实验中的异常现象进行分析讨论，说明影响实验的主要因素。
③ 分析误差的大小和原因，指出提高实验结果的途径。
④ 将实验结果与前人和他人的结果对比，说明结果的异同，并解释这种异同。
⑤ 本实验结果在生产实践中的价值和意义，推广和应用效果的预测等。
⑥ 由实验结果提出进一步的研究方向或对实验方法及装置提出改进建议等。

（11）实验结论

结论是根据实验结果所作出的最后判断，得出的结论要从实际出发，有理论依据。

1.2 化工原理实验室规则

（1）实验室是进行科学实验的场所，到实验室进行实验时应保持实验室的整洁和安静。禁止在实验室内大声喧哗、追逐嬉闹和随地吐痰；禁止赤足、穿拖鞋进实验室。

（2）实验室内必须以严肃认真的态度进行实验，遵守实验室的各项规章制度，不得迟到、无故缺课，室内不得进行与实验无关的事。

（3）爱护仪器、实验设备及实验室其它设施。在未弄清仪器设备使用前，不得运转，损坏照价赔偿。在保证完成实验要求下，注意节约水、电、气、油以及化学药品等。

（4）实验操作过程中，注意用电、用液化气及使用有害药品的安全，并注意防火、实验室内严禁吸烟、精馏塔等附近不准使用明火，启动电器设备时，防触电，注意电机有无异常声音。

（5）实验过程中注意保持实验环境的整洁。实验结束后应进行清洁和整理，将仪器设备恢复原状。

（6）实验过程中，如因违反操作规程损坏仪器、设备者，应根据情节的轻重和态度由指导教师会同实验室负责人商定，按仪器、设备价值酌情折价赔偿，情节严重、损失较大者，上报学校进行处理。

（7）实验过程中应服从指导教师及实验室工作人员的指导。否则，将视其情节进行批评直至停止实验操作。

（8）实验完毕记录数据须经教师审查签字，做好清洁工作，恢复仪器设备原状，关好门窗，和检查水、电、气源是否关好，方可离开实验室。

第2章 实验数据误差分析和数据处理

2.1 实验数据的误差分析

由于实验方法和实验设备的不完善,周围环境的影响,以及人的观察力、测量程序等限制,实验观测值和真值之间,总是存在一定的差异。人们常用绝对误差、相对误差或有效数字来说明一个近似值的准确程度。为了评定实验数据的精确性或误差,认清误差的来源及其影响,需要对实验的误差进行分析和讨论。由此可以判定哪些因素是影响实验精确度的主要方面,从而在以后实验中,进一步改进实验方案,缩小实验观测值和真值之间的差值,提高实验的精确性。

2.1.1 误差的基本概念

测量是人类认识事物本质所不可缺少的手段。通过测量和实验能使人们对事物获得定量的概念和发现事物的规律性。科学上很多新的发现和突破都是以实验测量为基础的。测量就是用实验的方法,将被测物理量与所选用作为标准的同类量进行比较,从而确定它的大小。

(1) 真值与平均值

真值是待测物理量客观存在的确定值,也称理论值或定义值。通常真值是无法测得的。若在实验中,测量的次数无限多时,根据误差的分布定律,正负误差的出现概率相等。再经过细致地消除系统误差,将测量值加以平均,可以获得非常接近于真值的数值。但是实际上实验测量的次数总是有限的。用有限测量值求得的平均值只能是近似真值,常用的平均值有下列几种。

① 算术平均值　算术平均值是最常见的一种平均值。

设 x_1、x_2、……、x_n 为各次测量值,n 代表测量次数,则算术平均值为

$$\bar{x} = \frac{x_1 + x_2 + \cdots + x_n}{n} = \frac{\sum_{i=1}^{n} x_i}{n} \tag{2-1}$$

② 几何平均值　几何平均值是将一组 n 个测量值连乘并开 n 次方求得的平均值。即

$$\overline{x}_{几} = \sqrt[n]{x_1 \cdot x_2 \cdots x_n} \qquad (2\text{-}2)$$

③ 均方根平均值

$$\overline{x}_{均} = \sqrt{\frac{x_1^2 + x_2^2 + \cdots + x_n^2}{n}} = \sqrt{\frac{\sum_{i=1}^{n} x_i^2}{n}} \qquad (2\text{-}3)$$

④ 对数平均值　在化学反应、热量和质量传递中，其分布曲线多具有对数的特性，在这种情况下表征平均值常用对数平均值。

设两个量 x_1、x_2，其对数平均值

$$\overline{x}_{对} = \frac{x_1 - x_2}{\ln x_1 - \ln x_2} = \frac{x_1 - x_2}{\ln \dfrac{x_1}{x_2}} \qquad (2\text{-}4)$$

应指出，变量的对数平均值总小于算术平均值。当 $x_1/x_2 \leqslant 2$ 时，可以用算术平均值代替对数平均值。

当 $x_1/x_2 = 2$，$\overline{x}_{对} = 1.443$，$\overline{x} = 1.50$，$(\overline{x}_{对} - \overline{x})/\overline{x}_{对} = -4.0\%$，即 $x_1/x_2 \leqslant 2$，引起的误差不超过 4.0%。

以上介绍各平均值的目的是要从一组测定值中找出最接近真值的那个值。在化工实验和科学研究中，数据的分布较多属于正态分布，所以通常采用算术平均值。

（2）误差的分类

根据误差的性质和产生的原因，一般分为三类。

① 系统误差　系统误差是指在测量和实验中未发觉或未确认的因素所引起的误差，而这些因素影响结果永远朝一个方向偏移，其大小及符号在同一组实验测定中完全相同，当实验条件一经确定，系统误差就获得一个客观上的恒定值。

当改变实验条件时，就能发现系统误差的变化规律。

系统误差产生的原因：测量仪器不良，如刻度不准，仪表零点未校正或标准表本身存在偏差等；周围环境的改变，如温度、压力、湿度等偏离校准值；实验人员的习惯和偏向，如读数偏高或偏低等引起的误差。针对仪器的缺点、外界条件变化影响的大小、个人的偏向，待分别加以校正后，系统误差是可以清除的。

② 偶然误差　在已消除系统误差的一切量值的观测中，所测数据仍在末一位或末两位数字上有差别，而且它们的绝对值和符号的变化，时大时小，时正时负，没有确定的规律，这类误差称为偶然误差或随机误差。偶然误差产生的原因不明，因而无法控制和补偿。但是，倘若对某一量值作足够多次的等精度测量后，就会发现偶然误差完全服从统计规律，误差的大小或正负的出现完全由概率决定。因此，随着测量次数的增加，随机误差的算术平均值趋近于零，所以多次测量结果的算数平均值将更接近于真值。

③ 过失误差　过失误差是一种显然与事实不符的误差，它往往是由于实验人员粗心大意、过度疲劳和操作不正确等原因引起的。此类误差无规则可寻，只要加强责任感、多方警惕、细心操作，过失误差是可以避免的。

（3）精密度、准确度和精确度

反映测量结果与真实值接近程度的量，称为精度（亦称精确度）。它与误差大小相对应，

测量的精度越高,其测量误差就越小。"精度"应包括精密度和准确度两层含义。

① 精密度　测量中所测得数值重现性的程度,称为精密度。它反映偶然误差的影响程度,精密度高就表示偶然误差小。

② 准确度　测量值与真值的偏移程度,称为准确度。它反映系统误差的影响精度,准确度高就表示系统误差小。

③ 精确度（精度）　它反映测量中所有系统误差和偶然误差综合的影响程度。

在一组测量中,精密度高的准确度不一定高,准确度高的精密度也不一定高,但精确度高,则精密度和准确度都高。

为了说明精密度与准确度的区别,可用下述打靶子例子来说明。如图2-1所示。

图2-1（a）中表示精密度和准确度都很好,则精确度高；图2-1（b）表示精密度很好,但准确度却不高；图2-1（c）表示精密度与准确度都不好。在实际测量中没有像靶心那样明确的真值,而是设法去测定这个未知的真值。

学生在实验过程中,往往满足于实验数据的重现性,而忽略了数据测量值的准确程度。绝对真值是不可知的,人们只能订出一些国际标准作为测量仪表准确性的参考标准。随着人类认识运动的推移和发展,可以逐步逼近绝对真值。

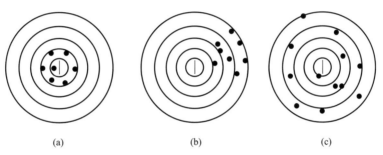

图 2-1　精密度和准确度的关系

（4）误差的表示方法

利用任何量具或仪器进行测量时,总存在误差,测量结果总不可能准确地等于被测量的真值,而只是它的近似值。测量的质量高低以测量精确度作指标,根据测量误差的大小来估计测量的精确度。测量结果的误差愈小,则认为测量就愈精确。

① 绝对误差　测量值 X 和真值 A_0 之差为绝对误差,通常称为误差。记为:

$$D = X - A_0 \tag{2-5}$$

由于真值 A_0 一般无法求得,因而上式只有理论意义。常用高一级标准仪器的示值作为实际值 A 以代替真值 A_0。由于高一级标准仪器存在较小的误差,因而 A 不等于 A_0,但总比 X 更接近于 A_0。X 与 A 之差称为仪器的示值绝对误差。记为

$$d = X - A \tag{2-6}$$

与 d 相反的数称为修正值,记为

$$C = -d = A - X \tag{2-7}$$

通过检定,可以由高一级标准仪器给出被检仪器的修正值 C。利用修正值便可以求出该仪器的实际值 A。即

$$A = X + C \tag{2-8}$$

② 相对误差　衡量某一测量值的准确程度，一般用相对误差来表示。示值绝对误差 d 与被测量的实际值 A 的百分比值称为实际相对误差。记为

$$\delta_A = \frac{d}{A} \times 100\% \tag{2-9}$$

以仪器的示值 X 代替实际值 A 的相对误差称为示值相对误差。记为

$$\delta_X = \frac{d}{X} \times 100\% \tag{2-10}$$

一般来说，除了某些理论分析外，用示值相对误差较为适宜。

③ 引用误差　为了计算和划分仪表精确度等级，提出引用误差概念。其定义为仪表示值的绝对误差与量程范围之比。

$$\delta_A = \frac{\text{示值绝对误差}}{\text{量程范围}} \times 100\% = \frac{d}{X_n} \times 100\% \tag{2-11}$$

式中　d——示值绝对误差；

　　　X_n——标尺上限值-标尺下限值。

④ 算术平均误差　算术平均误差是各个测量点的误差的平均值。

$$\delta_\text{平} = \frac{\sum |d_i|}{n} \quad i=1,2,\cdots,n \tag{2-12}$$

式中　n——测量次数；

　　　d_i——第 i 次测量的误差。

⑤ 标准误差　标准误差亦称为均方根误差。其定义为

$$\sigma = \sqrt{\frac{\sum d_i^2}{n}} \tag{2-13}$$

上式使用于无限测量的场合。实际测量工作中，测量次数是有限的，则改用下式

$$\sigma = \sqrt{\frac{\sum d_i^2}{n-1}} \tag{2-14}$$

标准误差不是一个具体的误差，σ 的大小只说明在一定条件下等精度测量集合所属的每一个观测值对其算术平均值的分散程度，如果 σ 的值愈小则说明每一次测量值对其算术平均值分散度就小，测量的精度就高，反之精度就低。

在化工原理实验中最常用的 U 形管压差计、转子流量计、秒表、量筒、电压等仪表原则上均取其最小刻度值为最大误差，而取其最小刻度值的一半作为绝对误差计算值。

(5) 测量仪表精确度

测量仪表的精确等级是用最大引用误差（又称允许误差）来标明的。它等于仪表示值中的最大绝对误差与仪表的量程范围之比的百分数。

$$\delta_\text{max} = \frac{\text{最大示值绝对误差}}{\text{量程范围}} \times 100\% = \frac{d_\text{max}}{X_n} \times 100\% \tag{2-15}$$

式中　δ_max——仪表的最大测量引用误差；

　　　d_max——仪表示值的最大绝对误差；

X_n——标尺上限值－标尺下限值。

通常情况下是用标准仪表校验较低级的仪表。所以，最大示值绝对误差就是被校表与标准表之间的最大绝对误差。

测量仪表的精度等级是国家统一规定的，把允许误差中的百分号去掉，剩下的数字就称为仪表的精度等级。仪表的精度等级常以圆圈内的数字标明在仪表的面板上。例如某台压力计的允许误差为 1.5%，这台压力计电工仪表的精度等级就是 1.5，通常简称 1.5 级仪表。

仪表的精度等级为 a，它表明仪表在正常工作条件下，其最大引用误差的绝对值 $\delta_{\max}$ 不能超过的界限，即

$$\delta_{\max} = \frac{d_{\max}}{X_n} \times 100\% \leqslant a\% \tag{2-16}$$

由式（2-16）可知，在应用仪表进行测量时所能产生的最大绝对误差（简称误差限）为

$$d_{\max} \leqslant a\% X_n \tag{2-17}$$

而用仪表测量的最大值相对误差为

$$\delta_{\max} = \frac{d_{\max}}{X_n} \leqslant a\% \times \frac{X_n}{X} \tag{2-18}$$

由上式可以看出，用只是仪表测量某一被测量所能产生的最大示值相对误差，不会超过仪表允许误差 $a\%$ 乘以仪表测量上限 X_n 与测量值 X 的比。在实际测量中为可靠起见，可用下式对仪表的测量误差进行估计，即

$$\delta_m = a\% \times \frac{X_n}{X} \tag{2-19}$$

【例 2-1】 用量限为 5A，精度为 0.5 级的电流表，分别测量两个电流，$I_1 = 5A$，$I_2 = 2.5A$，试求测量 I_1 和 I_2 的相对误差为多少？

$$\delta_{m1} = a\% \times \frac{I_n}{I_1} = 0.5\% \times \frac{5}{5} = 0.5\%$$

$$\delta_{m2} = a\% \times \frac{I_n}{I_2} = 0.5\% \times \frac{5}{2.5} = 1.0\%$$

由此可见，当仪表的精度等级选定时，所选仪表的测量上限越接近被测量的值，则测量的误差的绝对值越小。

【例 2-2】 欲测量约 90V 的电压，实验室现有 0.5 级 0～300V 和 1.0 级 0～100V 的电压表。问选用哪一种电压表进行测量为好？

用 0.5 级 0～300V 的电压表测量 90V 的相对误差为

$$\delta_{m0.5} = a_1\% \times \frac{U_n}{U} = 0.5\% \times \frac{300}{90} = 1.7\%$$

用 1.0 级 0～100V 的电压表测量 90V 的相对误差为

$$\delta_{m1.0} = a_2\% \times \frac{U_n}{U} = 1.0\% \times \frac{100}{90} = 1.1\%$$

上例说明，如果选择得当，用量程范围适当的 1.0 级仪表进行测量，能得到比用量程范围大的 0.5 级仪表更准确的结果。因此，在选用仪表时，应根据被测量值的大小，在满足被测量数值范围的前提下，尽可能选择量程小的仪表，并使测量值大于所选仪表满刻度的三分

之二，即 $X > 2X_n/3$。这样既可以达到满足测量误差要求，又可以选择精度等级较低的测量仪表，从而降低仪表的成本。

2.1.2 有效数字及其运算规则

在科学与工程中，该用几位有效数字来表示测量或计算结果，总是以一定位数的数字来表示。不是说一个数值中小数点后面位数越多越准确。实验中从测量仪表上所读数值的位数是有限的，而取决于测量仪表的精度，其最后一位数字往往是仪表精度所决定的估计数字。即一般应读到测量仪表最小刻度的十分之一位。数值准确度大小由有效数字位数来决定。

（1）有效数字

一个数据，其中除了起定位作用的"0"外，其他数都是有效数字。如 0.0037 只有两位有效数字，而 370.0 则有四位有效数字。一般要求测试数据有效数字为 4 位。要注意有效数字不一定都是可靠数字。如测流体阻力所用的 U 形管压差计，最小刻度是 1mm，但我们可以读到 0.1mm，如 342.4mmHg。又如二等标准温度计最小刻度为 0.1℃，我们可以读到 0.01℃，如 15.16℃。此时有效数字为 4 位，而可靠数字只有三位，最后一位是不可靠的，称为可疑数字。记录测量数值时只保留一位可疑数字。

为了清楚地表示数值的精度，明确读出有效数字位数，常用指数的形式表示，即写成一个小数与相应 10 的整数幂的乘积。这种以 10 的整数幂来记数的方法称为科学记数法。

如　75200　　有效数字为 4 位时，记为 7.520×10^5
　　　　　　　有效数字为 3 位时，记为 7.52×10^5
　　　　　　　有效数字为 2 位时，记为 7.5×10^5
　　0.00478　　有效数字为 4 位时，记为 4.780×10^{-3}
　　　　　　　有效数字为 3 位时，记为 4.78×10^{-3}
　　　　　　　有效数字为 2 位时，记为 4.8×10^{-3}

（2）有效数字运算规则

① 记录测量数值时，只保留一位可疑数字。

② 当有效数字位数确定后，其余数字一律舍弃。舍弃办法是四舍六入，即末位有效数字后边第一位小于 5，则舍弃不计；大于 5 则在前一位数上增 1；等于 5 时，前一位为奇数，则进 1 为偶数，前一位为偶数，则舍弃不计。这种舍入原则可简述为："小则舍，大则入，正好等于奇变偶"。如：保留 4 位有效数字　3.71729→3.717；
　　　　　　　　　　　　　　　　　　　5.14285→5.143
　　　　　　　　　　　　　　　　　　　7.62356→7.624
　　　　　　　　　　　　　　　　　　　9.37656→9.376

③ 在加减计算中，各数所保留的位数，应与各数中小数点后位数最少的相同。例如将 24.65、0.0082 和 1.632 三个数字相加时，应写为 24.65+0.01+1.63=26.29。

④ 在乘除运算中，各数所保留的位数，以各数中有效数字位数最少的那个数为准；其结果的有效数字位数亦应与原来各数中有效数字最少的那个数相同。例如：
$0.0121 \times 25.64 \times 1.05782$ 应写成 $0.012 \times 25.64 \times 1.06 = 0.326$。上例说明，虽然这三个数的乘积为 0.3261408，但只应取其积为 0.326。

⑤ 在对数计算中，所取对数位数应与真数有效数字位数相同。

2.1.3 误差的基本性质

在化工原理实验中通常直接测量或间接测量得到有关的参数数据，这些参数数据的可靠程度如何？如何提高其可靠性？因此，必须研究在给定条件下误差的基本性质和变化规律。

（1）误差的正态分布

如果测量数列中不包括系统误差和过失误差，从大量的实验中发现偶然误差的大小有如下几个特征。

① 绝对值小的误差比绝对值大的误差出现的机会多，即误差的概率与误差的大小有关。这是误差的单峰性。

② 绝对值相等的正误差或负误差出现的次数相当，即误差的概率相同。这是误差的对称性。

③ 极大的正误差或负误差出现的概率都非常小，即大的误差一般不会出现。这是误差的有界性。

④ 随着测量次数的增加，偶然误差的算术平均值趋近于零。这叫误差的低偿性。

根据上述的误差特征，可疑的出误差出现的概率分布图，如图 2-2 所示。图中横坐标表示偶然误差，纵坐标表示个误差出现的概率，图中曲线称为误差分布曲线，以 $y=f(x)$ 表示。其数学表达式有高斯提出，具体形式为：

$$y=\frac{1}{\sqrt{2\pi}\sigma}e^{-\frac{x^2}{2\sigma^2}} \tag{2-20}$$

或

$$y=\frac{h}{\sqrt{\pi}}e^{-h^2x^2} \tag{2-21}$$

上式称为高斯误差分布定律亦称为误差方程。式中 σ 为标准误差，h 为精确度指数，σ 和 h 的关系为

$$h=\frac{1}{\sqrt{2}\sigma} \tag{2-22}$$

若误差按函数关系分布，则称为正态分布。σ 越小，测量精度越高，分布曲线的峰越高切窄；σ 越大，分布曲线越平坦且越宽，如图 2-3 所示。由此可知，σ 越小，小误差占的比重越大，测量精度越高。反之，则大误差占的比重越大，测量精度越低。

图 2-2 可疑的误差出现的概率分布图

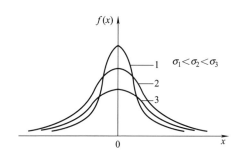

图 2-3 不同 σ 的误差分布曲线

（2）测量集合的最佳值

在测量精度相同的情况下，测量一系列观测值 M_1，M_2，M_3，$\cdots$，M_n 所组成的测量集合，假设其平均值为 M_m，则各次测量误差为

$$x_i = M_i - M_m, \quad i=1,2,\cdots,n$$

当采用不同的方法计算平均值时，所得到误差值不同，误差出现的概率亦不同。若选取适当的计算方法，使误差最小，而概率最大，由此计算的平均值为最佳值。根据高斯分布定律，只有各点误差平方和最小，才能实现概率最大。这就是最小乘法值。由此可见，对于一组精度相同的观测值，采用算术平均得到的值是该组观测值的最佳值。

（3）有限测量次数中标准误差 σ 的计算

由误差基本概念知，误差是观测值和真值之差。在没有系统误差存在的情况下，以无限多次测量所得到的算术平均值为真值。当测量次数为有限时，所得到的算术平均值近似于真值，称最佳值。因此，观测值与真值之差不同于观测值与最佳值之差。

令真值为 A，计算平均值为 a，观测值为 M，并令 $d = M - a$，$D = M - A$，则

$$d_1 = M_1 - a, \quad D_1 = M_1 - A$$
$$d_2 = M_2 - a, \quad D_2 = M_2 - A$$
$$\cdots$$
$$d_n = M_n - a, \quad D_n = M_n - A$$
$$\sum d_i = \sum M_i - na \quad \sum D_i = \sum M_i - nA$$

因为 $\sum M_i - na = 0 \quad \sum M_i = na$

代入 $\sum D_i = \sum M_i - nA$ 中，即得

$$a = A + \frac{\sum D_i}{n} \tag{2-23}$$

将式（2-23）代入 $d_i = M_i - a$ 中得

$$d_i = (M_i - A) - \frac{\sum D_i}{n} = D_i - \frac{\sum D_i}{n} \tag{2-24}$$

将式（2-24）两边各平方得

$$d_1^2 = D_1^2 - 2D_1 \frac{\sum D_i}{n} + \left(\frac{\sum D_i}{n}\right)^2$$

$$d_2^2 = D_2^2 - 2D_2 \frac{\sum D_i}{n} + \left(\frac{\sum D_i}{n}\right)^2$$

$$\cdots$$

$$d_n^2 = D_n^2 - 2D_n \frac{\sum D_i}{n} + \left(\frac{\sum D_i}{n}\right)^2$$

对 i 求和

$$\sum d_i^2 = \sum D_i^2 - 2\frac{(\sum D_i)^2}{n} + n\left(\frac{\sum D_i}{n}\right)^2$$

因在测量中正负误差出现的机会相等，故将 $(\sum D_i)^2$ 展开后，$D_1 \times D_2$、$D_1 \times D_3 \cdots$，为正为负的数目相等，彼此相消，故得

$$\sum d_i^2 = \sum D_i^2 - 2\frac{\sum D_i^2}{n} + n\frac{\sum D_i^2}{n^2}$$

$$\sum d_i^2 = \frac{n-1}{n}\sum D_i^2$$

从上式可以看出，在有限测量次数中，自算数平均值计算的误差平方和永远小于自真值计算的误差平方和。根据标准误差的定义

$$\sigma = \sqrt{\frac{\sum D_i^2}{n}}$$

式中 $\sum D_i^2$ 代表观测次数为无限多时误差的平方和，故当观测次数有限时，

$$\sigma = \sqrt{\frac{\sum d_i^2}{n-1}} \tag{2-25}$$

（4）可疑观测值的舍弃

由概率积分知，随机误差正态分布曲线下的全部积分，相当于全部误差同时出现的概率，

即
$$p = \frac{1}{\sqrt{2\pi}\sigma}\int_{-\infty}^{\infty} e^{-\frac{x^2}{2\sigma^2}} dx = 1 \tag{2-26}$$

若误差 x 以标准误差 σ 的倍数表示，即 $x = t\sigma$，则在 $\pm t\sigma$ 范围内出现的概率为 $2\varphi(t)$，超出这个范围的概率为 $1 - 2\varphi(t)$。$\varphi(t)$ 称为概率函数，表示为

$$\varphi(t) = \frac{1}{\sqrt{2\pi}}\int_0^t e^{-\frac{t^2}{2}} dt \tag{2-27}$$

$2\varphi(t)$ 与 t 的对应值在数学手册或专著中均附有此类积分表，读者需要时可自行查取。在使用积分表时，需已知 t 值。由表 2-1 和图 2-4 给出几个典型及其相应的超出或不超出 $|x|$ 的概率。

由表 2-1 知，当 $t=3$，$|x|=3\sigma$ 时，在 370 次观测中只有一次测量的误差超过 3σ 范围。在有限次的观测中，一般测量次数不超过十次，可以认为误差大于 3σ，可能是由于过失误差或实验条件变化未被发觉等原因引起的。因此，凡是误差大于 3σ 的数据点予以舍弃。这种判断可疑实验数据的原则称为 3σ 准则。

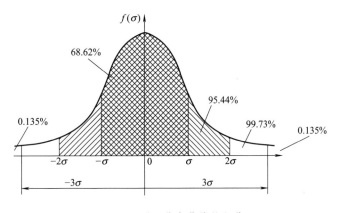

图 2-4　误差分布曲线的积分

（5）函数误差

上述讨论主要是直接测量的误差计算问题，但在许多场合下，往往涉及间接测量的变量，所谓间接测量是通过直接测量的量之间有一定的函数关系，并根据函数被测的量，如传热问题中的传热速率。因此，间接测量值就是直接测量得到的各个测量值的函数。其测量误差是各个测量值误差的函数。

表 2-1　误差概率和出现次数

t	$\|x\|=t\sigma$	不超出$\|x\|$的概率 $2\varphi(t)$	超出$\|x\|$的概率 $1-2\varphi(t)$	测量次数 n	超出$\|x\|$的测量次数
0.67	0.67σ	0.49714	0.50286	2	1
1	1σ	0.68269	0.31731	3	1
2	2σ	0.95450	0.04550	22	1
3	3σ	0.99730	0.00270	370	1
4	4σ	0.99991	0.00009	11111	1

① 函数误差的一般形式　在间接测量中，一般为多元函数，而多元函数可用下式表示：

$$y = f(x_1, x_2, \cdots, x_n) \tag{2-28}$$

式中　y——间接测量值；
　　　x_i——直接测量值。

由台劳级数展开得

$$\Delta y = \frac{\partial f}{\partial x_1}\Delta x_1 + \frac{\partial f}{\partial x_2}\Delta x_2 + \cdots + \frac{\partial f}{\partial x_n}\Delta x_n \tag{2-29}$$

或

$$\Delta y = \sum_{i=1}^{n}\frac{\partial f}{\partial x_i}\Delta x_i$$

它的最大绝对误差为

$$\Delta y = \left|\sum_{i=1}^{n}\frac{\partial f}{\partial x_i}\Delta x_i\right| \tag{2-30}$$

式中　$\frac{\partial f}{\partial x_i}$——误差传递系数；
　　　Δx_i——直接测量值的误差；
　　　Δy——间接测量值的最大绝对误差。

函数的相对误差 δ 为

$$\delta = \frac{\Delta y}{y} = \frac{\partial f}{\partial x_1}\frac{\Delta x_1}{y} + \frac{\partial f}{\partial x_2}\frac{\Delta x_2}{y} + \cdots + \frac{\partial f}{\partial x_n}\frac{\Delta x_n}{y}$$

$$= \frac{\partial f}{\partial x_1}\delta_1 + \frac{\partial f}{\partial x_2}\delta_2 + \cdots + \frac{\partial f}{\partial x_n}\delta_n \tag{2-31}$$

② 某些函数误差的计算

a. 函数 $y = x \pm z$ 绝对误差和相对误差

由于误差传递系数 $\frac{\partial f}{\partial x} = 1, \frac{\partial f}{\partial z} = \pm 1$，则函数最大绝对误差

$$\Delta y = \pm(|\Delta x| + |\Delta z|) \tag{2-32}$$

相对误差

$$\delta_r = \frac{\Delta y}{y} = \pm\frac{|\Delta x| + |\Delta z|}{x + z} \tag{2-33}$$

b. 函数形式为 $y = K\dfrac{xz}{w}$，x、z、w 为变量

误差传递系数为：
$$\frac{\partial y}{\partial x} = \frac{Kz}{w}$$

$$\frac{\partial y}{\partial z} = \frac{Kx}{w}$$

$$\frac{\partial y}{\partial w} = -\frac{Kxz}{w^2}$$

函数的最大绝对误差为

$$\Delta y = \left|\frac{Kz}{w}\Delta x\right| + \left|\frac{Kx}{w}\Delta z\right| + \left|\frac{Kxz}{w^2}\Delta w\right| \tag{2-34}$$

函数的最大相对误差为

$$\delta_r = \frac{\Delta y}{y} = \left|\frac{\Delta x}{x}\right| + \left|\frac{\Delta z}{z}\right| + \left|\frac{\Delta w}{w}\right| \tag{2-35}$$

现将某些常用函数的最大绝对误差和相对误差列于表 2-2 中。

【例 2-3】 用量热器测定固体比热容时采用的公式 $C_p = \dfrac{M(t_2 - t_0)}{m(t_1 - t_2)} C_{p\mathrm{H_2O}}$

式中 M——量热器内水的质量；
m——被测物体的质量；
t_0——测量前水的温度；
t_1——放入量热器前物体的温度；
t_2——测量时水的温度；
$C_{p\mathrm{H_2O}}$——水的比热容，$4.187\mathrm{kJ/(kg \cdot K)}$。

测量结果如下：

$$M = (250 \pm 0.2)\mathrm{g} \qquad m = (62.31 \pm 0.02)\mathrm{g}$$
$$t_0 = (13.52 \pm 0.01)℃ \qquad t_1 = (99.32 \pm 0.04)℃$$
$$t_2 = (17.79 \pm 0.01)℃$$

试求测量物的比热容之真值，并确定能否提高测量精度。

解： 根据题意，计算函数之真值，需计算各变量的绝对误差和误差传递系数。为了简化计算，令 $\theta_0 = t_2 - t_0 = 4.27℃$，$\theta_1 = t_1 - t_2 = 81.53℃$，

方程改写为 $C_p = \dfrac{M\theta_0}{m\theta_1} C_{p\mathrm{H_2O}}$

表 2-2 某些函数的误差传递公式

函数式	误差传递公式	
	最大绝对误差 Δy	最大相对误差 δ_r
$y = x_1 + x_2 + x_3$	$\Delta y = \pm(|\Delta x_1| + |\Delta x_2| + |\Delta x_3|)$	$\delta_r = \Delta y / y$
$y = x_1 + x_2$	$\Delta y = \pm(|\Delta x_1| + |\Delta x_2|)$	$\delta_r = \Delta y / y$
$y = x_1 x_2$	$\Delta y = \pm(|x_1 \Delta x_2| + |x_2 \Delta x_1|)$	$\delta_r = \pm\left(\left|\dfrac{\Delta x_1}{x_1} + \dfrac{\Delta x_2}{x_2}\right|\right)$

续表

函数式	误差传递公式	
	最大绝对误差 Δy	最大相对误差 δ_r
$y = x_1 x_2 x_3$	$\Delta y = \pm(|x_1 x_2 \Delta x_3| + |x_1 x_3 \Delta x_2| + |x_2 x_3 \Delta x_1|)$	$\delta_r = \pm\left(\left\|\dfrac{\Delta x_1}{x_1} + \dfrac{\Delta x_2}{x_2} + \dfrac{\Delta x_3}{x_3}\right\|\right)$
$y = x^n$	$\Delta y = \pm(n x^{n-1} \Delta x)$	$\delta_r = \pm\left(n\left\|\dfrac{\Delta x}{x}\right\|\right)$
$y = \sqrt[n]{x}$	$\Delta y = \pm\left(\dfrac{1}{n} x^{\frac{1}{n}-1} \Delta x\right)$	$\delta_r = \pm\left(\dfrac{1}{n}\left\|\dfrac{\Delta x}{x}\right\|\right)$
$y = x_1/x_2$	$\Delta y = \pm\left(\dfrac{x_2 \Delta x_1 + x_1 \Delta x_2}{x_2^2}\right)$	$\delta_r = \pm\left(\left\|\dfrac{\Delta x_1}{x_1} + \dfrac{\Delta x_2}{x_2}\right\|\right)$
$y = cx$	$\Delta y = \pm|c \Delta x|$	$\delta_r = \pm\left(\left\|\dfrac{\Delta x}{x}\right\|\right)$
$y = \lg x$	$\Delta y = \pm\left\|0.4343 \dfrac{\Delta x}{x}\right\|$	$\delta_r = \Delta y / y$
$y = \ln x$	$\Delta y = \pm\left\|\dfrac{\Delta x}{x}\right\|$	$\delta_r = \Delta y / y$

各变量的绝对误差为

$\Delta M = 0.2 g$ $\Delta \theta_0 = |\Delta t_2| + |\Delta t_0| = 0.01 + 0.01 = 0.02$ (℃)

$\Delta m = 0.02 g$ $\Delta \theta_1 = |\Delta t_2| + |\Delta t_1| = 0.04 + 0.01 = 0.05$ (℃)

各变量的误差传递系数为

$$\frac{\partial C_p}{\partial M} = \frac{\theta_0 C_{p\,H_2O}}{m \theta_1} = \frac{4.27 \times 4.187}{62.31 \times 81.53} = 3.52 \times 10^{-3}$$

$$\frac{\partial C_p}{\partial m} = -\frac{M \theta_0 C_{p\,H_2O}}{m^2 \theta_1} = -\frac{4.27 \times 4.187}{62.31^2 \times 81.53} = -1.41 \times 10^{-2}$$

$$\frac{\partial C_p}{\partial \theta_0} = \frac{M C_{p\,H_2O}}{m \theta_1} = \frac{250 \times 4.187}{62.31 \times 81.53} = 0.206$$

$$\frac{\partial C_p}{\partial \theta_1} = -\frac{M \theta_0 C_{p\,H_2O}}{m \theta_1^2} = -\frac{250 \times 4.27 \times 4.187}{62.31 \times 81.53^2} = -1.08 \times 10^{-2}$$

函数的绝对误差

$$\Delta C_p = \frac{\partial C_p}{\partial M} \Delta M + \frac{\partial C_p}{\partial m} \Delta m + \frac{\partial C_p}{\partial \theta_0} \Delta \theta_0 + \frac{\partial C_p}{\partial \theta_1} \Delta \theta_1$$

$$= 3.52 \times 10^{-3} \times 0.2 - 1.41 \times 10^{-2} \times 0.02 + 0.206 \times 0.02 - 1.08 \times 10^{-2} \times 0.05$$

$$= 0.704 \times 10^{-3} - 0.282 \times 10^{-3} + 4.12 \times 10^{-3} - 0.54 \times 10^{-3}$$

$$= 4.00 \times 10^{-3} [J/(g \cdot K)]$$

$$C_p = \frac{250 \times 4.27}{62.31 \times 81.53} \times 4.187 = 0.880 [J/(g \cdot K)]$$

故真值 $C_p = 0.880 \pm 0.0004 [J/(g \cdot K)]$

由有效数字位数考虑以上的测量结果精度已满足要求。若不仅考虑有效数字位数，尚需比较各变量的测量精度，确定是否有可能提高测量精度，则本例可从分析比较各变量的相对误差着手。

各变量的相对误差分别为

$$E_M = \frac{\Delta M}{M} = \frac{0.2}{250} = 8 \times 10^{-4} = 0.08\%$$

$$E_m = \frac{\Delta m}{m} = \frac{0.02}{62.31} = 3.21 \times 10^{-4} = 0.0321\%$$

$$E_{\theta_0} = \frac{\Delta \theta}{\theta_0} = \frac{0.02}{4.27} = 4.68 \times 10^{-3} = 0.468\%$$

$$E_{\theta_1} = \frac{\Delta \theta}{\theta_1} = \frac{0.05}{81.53} = 6.13 \times 10^{-4} = 0.0613\%$$

其中以 θ_0 的相对误差为 0.468%，误差最大，是 M 的 5.85 倍，是 m 的 14.63 倍。为了提高 C_p 的测量精度，可改善 θ_0 的测量仪表的精度，即提高测量水温的温度计精度，如采用贝克曼温度计，分度值可达 0.002，精度为 0.001。则其相对误差为

$$E_{\theta_0} = \frac{0.002}{4.27} = 4.68 \times 10^{-4} = 0.0468\%$$

由此可见，变量的精度基本相当。提高 θ_0 精度后 C_p 的绝对误差为

$$\Delta C_p = 3.52 \times 10^{-3} \times 0.2 - 1.41 \times 10^{-2} \times 0.02 + 0.206 \times 0.002 - 1.08 \times 10^{-2} \times 0.05$$
$$= 0.704 \times 10^{-3} - 0.282 \times 10^{-3} + 0.412 \times 10^{-3} - 0.54 \times 10^{-3}$$
$$= 2.94 \times 10^{-4} [\text{J}/(\text{g} \cdot \text{K})]$$

系统提高精度后，C_p 的真值为

$$C_p = (0.8798 \pm 0.0003) \text{J}/(\text{g} \cdot \text{K})$$

2.2 实验数据的处理方法

实验数据处理，就是以测量为手段，以研究对象的概念、状态为基础，以数学运算为工具，推断出某量值的真值，并导出某些具有规律性结论的整个过程。因此对实验数据进行处理，可使人们清楚地观察到各变量之间的定量关系，以便进一步分析实验现象，得出规律，指导生产与设计。

数据处理的方法有三种：列表法、图示法和回归分析法。

2.2.1 列表法

将实验数据按自变量和因变量的关系，以一定的顺序列出数据表，即为列表法。列表法有许多优点，如为了不遗漏数据，原始数据记录表会给数据处理带来方便；列出数据使数据易比较；形式紧凑；同一表格内可以表示几个变量间的关系等。列表通常是整理数据的第一步，为标绘曲线图或整理成数学公式打下基础。

（1）实验数据表的分类

实验数据表一般分为两大类：原始数据记录表和整理计算数据表。以阻力实验测定层流

λ-Re 关系为例进行说明。

原始数据记录表是根据实验的具体内容而设计的,以清楚地记录所有待测数据。该表必须在实验前完成。层流阻力实验原始数据记录表如表 2-3 所示。

表 2-3 层流阻力实验原始数据记录表

实验装置编号:第___套 管径___m 管长___m 平均水温___℃ 实验时间___年___月___日

序号	水的体积 V/mL	时间 t/s	压差计示值			备注
			左/mm	右/mm	ΔR/mm	
1						
2						
⋮						
n						

整理计算数据表可细分为中间计算结果表(体现出实验过程主要变量的计算结果)、综合结果表(表达实验过程中得出的结论)和误差分析表(表达实验值与参照值或理论值的误差范围)等,实验报告中要用到几个表,应根据具体实验情况而定。层流阻力实验整理计算数据表见表 2-4,误差分析结果表见表 2-5。

表 2-4 层流阻力实验整理计算数据表

序号	流量 V/(m³/s)	平均流速 u/(m/s)	层流沿程损失值 h_f/mmH$_2$O	$Re \times 10^2$	$\lambda \times 10^{-2}$	λ-Re 关系式
1						
2						
⋮						
n						

表 2-5 层流阻力实验误差分析结果表

层流	$\lambda_{实验}$	$\lambda_{理论}$	相对误差/%

(2)设计实验数据表应注意的事项

① 表格设计要力求简明扼要,一目了然,便于阅读和使用。记录、计算项目要满足实验需要,如原始数据记录表格上方要列出实验装置的几何参数以及平均水温等常数项。

② 表头列出物理量的名称、符号和计算单位。符号与计量单位之间用斜线"/"隔开。斜线不能重叠使用。计量单位不宜混在数字之中,造成分辨不清。

③ 注意有效数字位数,即记录的数字应与测量仪表的准确度相匹配,不可过多或过少。

④ 物理量的数值较大或较小时,要用科学记数法表示。以"物理量的符号$\times 10^{\pm n}$/计量单位"的形式记入表头。注意:表头中的 $10^{\pm n}$ 与表中的数据应服从下式:

$$物理量的实际值 \times 10^{\pm n} = 表中数据$$

⑤ 为便于引用,每一个数据表都应在表的上方写明表号和表题(表名)。表号应按出现的顺序编写并在正文中有所交代。同一个表尽量不跨页,必须跨页时,在跨页的表上须注"续表×××"。

⑥ 数据书写要清楚整齐。修改时宜用单线将错误的划掉，将正确的写在下面。各种实验条件及作记录者的姓名可作为"表注"，写在表的下方。

2.2.2 图示法

实验数据图示法就是将整理得到的实验数据或结果标绘成描述因变量和自变量的依从关系的曲线图。该法的优点是直观清晰，便于比较，容易看出数据中的极值点、转折点、周期性、变化率以及其他特性，准确的图形还可以在不知数学表达式的情况下进行微积分运算，因此得到广泛的应用。

实验曲线的标绘是实验数据整理的第二步，将在工程实验中正确作图必须遵循如下基本原则，才能得到与实验点位置偏差最小而光滑的曲线图形。

（1）坐标纸的选择

① 坐标系

化工中常用的坐标系为直角坐标系、单对数坐标系和对数坐标系。下面仅介绍单对数坐标系和对数坐标系。

a. 单对数坐标系。如图 2-5 所示。一个轴是分度均匀的普通坐标轴，另一个轴是分度不均匀的对数坐标轴。

b. 对数坐标系。如图 2-6 所示。两个轴都是对数标度的坐标轴。

图 2-5　单对数坐标图

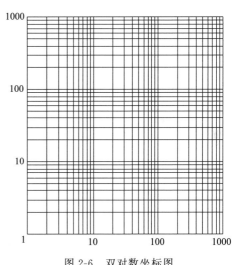
图 2-6　双对数坐标图

② 选用坐标纸的基本原则

a. 直角坐标纸

变量 x、y 间的函数关系式为：$y = a + bx$

即为直线函数型，将变量 x、y 标绘在直角坐标纸上得到一直线图形，系数 a、b 不难由图上求出。

b. 单对数坐标

在下列情况下，建议使用单对数坐标纸：

ⅰ. 变量之一在所研究的范围内发生了几个数量级的变化。

ⅱ. 在自变量由零开始逐渐增大的初始阶段，当自变量的少许变化引起因变量极大变化时，采用单对数坐标可使曲线最大变化范围伸长，使图形轮廓清楚。

ⅲ. 当需要变换某种非线性关系为线性关系时，可用单对数坐标。如将指数型函数变换为直线函数关系。若变量 x、y 间存在指数函数型关系，则有：

$$y = ae^{bx}$$

式中 a、b 为待定系数。

在这种情况下，若把 x、y 数据在直角坐标纸上作图，所得图形必为一曲线。若对上式两边同时取对数

则 $\lg y = \lg a + bx \lg e$

令 $\lg y = Y$

$b \lg e = k$

则上式变为 $Y = \lg a + kx$

经上述处理变成了线性关系，以 $\lg y = Y$ 对 x 在直角坐标纸上作图，其图形也是直线。为了避免对每一个实验数据 y 取对数的麻烦，可以采用单对数坐标纸。因此可以说把实验数据标绘在单对数坐标纸上，如为直线的话，其关联式必为指数函数型。

③ 双对数坐标

在下列情况下，建议使用双对数坐标纸：

a. 变量 x、y 在数值上均变化了几个数量级。

b. 需要将曲线开始部分划分成展开的形式。

c. 当需要变换某种非线性关系为线性关系时，例如幂函数。变量 x、y 若存在幂函数关系式，则有：

$$y = ax^b$$

式中 a、b 为待定系数。

若直接在直角坐标系上作图必为曲线，为此把上式两边取对数

$$\lg y = \lg a + b \lg x$$

令 $\lg y = Y, \lg x = X$

则上式变换为 $Y = \lg a + bX$

根据上式，把实验数据 x、y 取对数 $\lg x = X$、$\lg y = Y$ 在直角坐标线上作图也得一条直线。同理，为了解决每次取对数的麻烦，可以把 x、y 直接标在双对数坐标纸上，所得结果完全相同。

（2）坐标分度的确定

坐标分度指每条坐标轴所代表的物理量大小，即选择适当的坐标比例尺。

① 为了得到良好的图形，在 x、y 的误差 Δx、Δy 已知的情况下，比例尺的取法应使实验"点"的边长为 $2\Delta x$、$2\Delta y$（近似于正方形），而且使 $2\Delta x = 2\Delta y = 1 \sim 2 \text{mm}$，若 $2\Delta x = 2\Delta y = 2\text{mm}$，则它们的比例尺应为：

$$M_y = \frac{2\text{mm}}{2\Delta y} = \frac{1}{\Delta y} \text{mm}/y \tag{2-36}$$

$$M_x = \frac{2\text{mm}}{2\Delta x} = \frac{1}{\Delta x} \text{mm}/x \tag{2-37}$$

如已知温度误差 $\Delta T = 0.05℃$，则

$$M_T = \frac{1\mathrm{mm}}{0.05℃} = 20\mathrm{mm}/℃$$

此时温度1℃的坐标为20mm长，若感觉太大可取 $2\Delta x = 2\Delta y = 1\mathrm{mm}$，此时1℃的坐标为10mm长。

② 若测量数据的误差不知道，那么坐标的分度应与实验数据的有效数字大体相符，即最适合的分度是使实验曲线坐标读数和实验数据具有同样的有效数字位数。其次，横、纵坐标之间的比例不一定取得一致，应根据具体情况选择，使实验曲线的坡度介于 $30°\sim 60°$ 之间，这样的曲线坐标读数准确度较高。

③ 推荐使用坐标轴的比例常数 $M = (1, 2, 5) \times 10^{\pm n}$（$n$ 为正整数），而3，6，7，8，9等的比例常数绝不可选用，因为后者的比例常数不但引起图形的绘制和实验麻烦，也极易引出错误。

(3) 图示法应注意的事项

① 对于两个变量的系统，习惯上选横轴为自变量，纵轴为因变量。在两轴侧要标明变量名称、符号和单位，如离心泵特性曲线的横轴须标明：流量 $Q/(\mathrm{m}^3/\mathrm{h})$。尤其是单位，初学者往往因受纯数学的影响而容易忽略。

② 坐标分度要适当，使变量的函数关系表现清楚。

对于直角坐标的原点不一定选为零点，应根据所标绘数据范围而定，其原点应移至比数据中最小者稍小一些的位置为宜，能使图形占满全幅坐标线为原则。

对于对数坐标，坐标轴刻度是按1，2，…，10的对数值大小划分的，其分度要遵循对数坐标的规律，当用坐标表示不同大小的数据时，只可将各值乘以 10^n（n 取正、负整数）而不能任意划分。对数坐标的原点不是零。在对数坐标上，1，10，100，1000之间的实际距离是相同的，因为上述各数相应的对数值为0，1，2，3，这在线性坐标上的距离相同。

③ 实验数据的标绘。若在同一张坐标纸上同时标绘几组测量值，则各组要用不同符号（如：o，△，×等）以示区别。若 n 组不同函数同绘在一张坐标纸上，则在曲线上要标明函数关系名称。

④ 图必须有图号和图题（图名），图号应按出现的顺序编写，并在正文中有所交待。必要时还应有图注。

⑤ 图线应光滑。利用曲线板等工具将各离散点连接成光滑曲线，并使曲线尽可能通过较多的实验点，或者使曲线以外的点尽可能位于曲线附近，并使曲线两侧的点数大致相等。

2.2.3 回归分析法

回归分析法也称数学方程表示法。在实验研究中，除了用表格和图形描述变量间的关系外，还常常把实验数据整理成方程式，以描述过程或现象的自变量和因变量之间的关系，即建立过程的数学模型。其方法是将实验数据绘制成曲线，与已知的函数关系式的典型曲线（线性方程、幂函数方程、指数函数方程、抛物线函数方程、双曲线函数方程等）进行对照选择，然后用图解法或者数值方法确定函数式中的各种常数。所得函数表达式是否能准确地反映实验数据所存在的关系，应通过检验加以确认。运用计算机将实验数据结果回归为数学

方程已成为实验数据处理的主要手段。

（1）数学方程式的选择

数学方程式选择的原则是：既要求形式简单，所含常数较少，同时也希望能准确地表达实验数据之间的关系，但要满足两者条件往往是难以做到，通常是在保证必要的准确度的前提下，尽可能选择简单的线性关系或者经过适当方法转换成线性关系的形式，使数据处理工作得到简单化。

数学方程式选择的方法是：将实验数据标绘在普通坐标纸上，得一直线或曲线。如果是直线，则根据初等数学可知，$y=a+bx$，其中 a、b 值可由直线的截距和斜率求得。如果不是直线，也就是说，y 和 x 不是线性关系，则可将实验曲线和典型的函数曲线相对照，选择与实验曲线相似的典型曲线函数，然后用直线化方法处理，最后以所选函数与实验数据的符合程度加以检验。

直线化方法就是将函数 $y=f(x)$ 转化成线性函数 $Y=a+bX$ 的方法。如表 2-6 所述的幂函数和指数函数转化成线性方程的方法。

常见函数的典型图形及线性化方法列于表 2-6。

（2）图解法求公式中的常数（对直线划分法而言）

当公式选定后，可用图解法求方程式中的常数，本节以幂函数和指数函数、对数函数为例进行说明。

① 幂函数的线性图解

幂函数 $y=ax^b$ 经线性化后成为 $Y=\lg a+bX$

表 2-6 化工中常见的曲线与函数式之间的关系

序号	图形	函数及线性化方法
(1)	(b>0)　　(b<0)	双曲线函数　$y=\dfrac{x}{ax+b}$ 令 $Y=\dfrac{1}{y}, X=\dfrac{1}{x}$，则得直线方程 $Y=a+bX$
(2)		S形曲线　$y=\dfrac{1}{a+be^{-x}}$ 令 $Y=\dfrac{1}{y}, X=e^{-x}$，则得直线方程 $Y=a+bX$
(3)	(b>0)　　(b<0)	指数函数　$y=ae^{bkx}$ 令 $Y=\lg y, X=x, k=b\lg e$，则得直线方程 $Y=\lg a+kX$

续表

序号	图形	函数及线性化方法
(4)	(b>0) (b<0)	指数函数 $y=ae^{\frac{b}{x}}$ 令 $Y=\lg y, X=\frac{1}{x}, k=b\lg e$，则得直线方程 $Y=\lg a+kX$
(5)	(b>0) (b<0)	幂函数 $y=ax^b$ 令 $Y=\lg y, X=\lg x$， 则得直线方程 $Y=\lg a+bX$
(6)	(b>0) (b<0)	对数函数 $y=a+b\lg x$ 令 $Y=y, X=\lg x$， 则得直线方程 $Y=a+bX$

a. 系数 b 的求法

系数 b 即为直线的斜率，如图 2-7 所示的 AB 线的斜率。在对数坐标上求取斜率方法与直角坐标上的求法不同。因为在对数坐标上标度的数值是真数而不是对数，因此双对数坐标纸上直线的斜率需要用对数值来求算，或者在两坐标轴比例尺相同情况下直接用尺子在坐标纸上量取线段长度来求取。

$$b=\frac{\Delta y}{\Delta x}=\frac{\lg y_2-\lg y_1}{\lg x_2-\lg x_1} \tag{2-38}$$

式中，Δy 与 Δx 的数值即为尺子测量而得的线段长度。

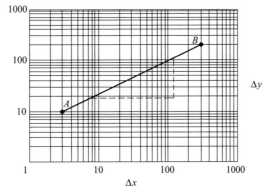

图 2-7 求取线段 AB 斜率示意图

第 2 章 实验数据误差分析和数据处理

b. 系数 a 的求法

在双对数坐标上，直线 $x=1$ 处的纵轴相交处的 y 值，即为方程 $y=ax^b$ 中的 a 值。若所绘的直线在图面上不能与 $x=1$ 处的纵轴相交，则可在直线上任取一组数值 x 和 y（而不是取一组测定结果数据）和已求出的斜率 b，代入原方程 $y=ax^b$ 中，通过计算求得 a 值。

② 指数或对数函数的线性图解

当所研究的函数关系呈指数函数 $y=ae^{bx}$ 或对数函数 $y=a+b\lg x$ 时，将实验数据标绘在单对数坐标纸上的图形是一直线。线性化方法见表 2-6 中的（3）和（6）。

a. 系数 b 的求法

对 $y=ae^{bx}$，线性化为 $Y=\lg a+kx$，式中 $k=b\lg e$，其纵轴为对数坐标，斜率为：

$$k=\frac{\lg y_2-\lg y_1}{x_2-x_1} \tag{2-39}$$

$$b=\frac{k}{\lg e} \tag{2-40}$$

对 $y=a+b\lg x$，横轴为对数坐标，斜率为：

$$b=\frac{y_2-y_1}{\lg x_2-\lg x_1} \tag{2-41}$$

b. 系数 a 的求法

系数 a 的求法与幂函数中所述方法基本相同，可用直线上任一点处的坐标值和已经求出的系数 b 代入函数关系式后求解。

③ 二元线性方程的图解

若实验研究中，所研究对象的物理量是一个因变量与两个自变量，它们必成线性关系，则可采用以下函数式表示：

$$y=a+bx_1+cx_2 \tag{2-42}$$

在图解此类函数式时，应首先令其中一自变量恒定不变，例如使 x_1 为常数，则上式可改写成：

$$y=d+cx_2 \tag{2-43}$$

式中：
$$d=a+bx_1=\text{const}$$

由 y 与 x_2 的数据可在直角坐标中标绘出一条直线，如图 2-8（a）所示。采用上述图解法即可确定 x_2 的系数 c。

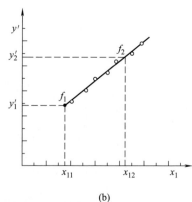

(a)　　　　　　　　　　(b)

图 2-8　二元线性方程图解示意

在图（a）中直线上任取两点 $e_1(x_{21}, y_1)$，$e_2(x_{22}, y_2)$，则有：

$$c = \frac{y_2 - y_1}{x_{22} - x_{21}} \tag{2-44}$$

当 c 求得后，将其代入式（2-42）中，并将式（2-42）重新改写成以下形式：

$$y - cx_2 = a + bx_1 \tag{2-45}$$

令 $y' = y - cx_2$ 于是可得一新的线性方程：

$$y' = a + bx_1 \tag{2-46}$$

由实验数据 y、x_2 和 c 计算得 y'，由 y' 与 x_1 在图 b 中标绘其直线，并在该直线上任取 $f_1(x_{11}, y_1')$ 及 $f_2(x_{12}, y_2')$ 两点。由 f_1，f_2 两点即可确定 a、b 两个常数。

$$b = \frac{y_2' - y_1'}{x_{12} - x_{11}} \tag{2-47}$$

$$a = \frac{y_1' x_{12} - y_2' x_{11}}{x_{12} - x_{11}} \tag{2-48}$$

应该指出的是，在确定 b、a 时，其自变量 x_1、x_2 应同时改变，才能使其结果覆盖整个实验范围。

薛伍德（Sherwood）利用七种不同流体对流过圆形直管的强制对流传热进行研究，并取得大量数据，采用幂函数形式进行处理，其函数形式为：

$$Nu = BRe^m Pr^n \tag{2-49}$$

式中，Nu 随 Re 及 Pr 数而变化，将上式两边取对数，采用变量代换，使之化为二元线性方程形式：

$$\lg Nu = \lg B + m \lg Re + n \lg Pr \tag{2-50}$$

令 $y = \lg Nu$；$x_1 = \lg Re$；$x_2 = \lg Pr$；$a = \lg B$，上式即可表示为二元线性方程式：

$$y = a + mx_1 + nx_2 \tag{2-51}$$

现将式（2-50）改写为以下形式，确定常数 n（固定变量 Re 值，使 $Re = \text{const}$，自变量减少一个）。

$$\lg Nu = (\lg B + m \lg Re) + n \lg Pr \tag{2-52}$$

薛伍德固定 $Re = 10^4$，将七种不同流体的实验数据在双对数坐标纸上标绘 Nu 和 Pr 之间的关系如图 2-9（a）。实验表明，不同 Pr 数的实验结果，基本上是一条直线，用这条直线决定 Pr 准数的指数 n，然后在不同 Pr 数及不同 Re 数下实验，按下式图解法求解：

$$\lg(Nu/Pr^n) = \lg B + m \lg Re \tag{2-53}$$

以 Nu/Pr^n 对 Re 数，在双对数坐标纸上作图，标绘出一条直线如图 2-9（b）所示。由这条直线的斜率和截距决定 B 和 m 值。这样，经验公式中的所有待定常数 B、m 和 n 均被确定。

（3）联立方程法求公式中的常数

此法又称"平均值法"，仅适用于实验数据精度很高的条件下，即实验点与理想曲线偏离较小，否则所得函数将毫无意义。

平均值法定义为：选择能使其同各测定值的偏差的代数和为零的那条曲线为理想曲线。具体步骤如下。

① 选择适宜的经验公式：$y = f(x)$。

(a) $Re=10^4$ 时 Nu-Pr 关系图　　(b) $Nu/Pr^{0.4}$-Re 关系图

● 空气　▲ 水　○ 丙酮　× 苯　■ 煤油　┼ 正丁醛　± 石油

图 2-9　$Nu=BRe^m Pr^n$ 图解法示意

② 建立求待定常数和系数的方程组。

现假定画出的理想曲线为直线，其方程为 $y=a+bx$，设测定值为 x_i、y_i，将 x_i 代入上式，所得的 y 值为 y_i'，即 $y_i'=a+bx_i$，而 $y_i=a+bx_i$，所以应该是 $y_i'=y_i$。然而，一般由于测量误差，实测点偏离直线，使 $y_i'\neq y_i$。若设 y_i 和 y_i' 的偏差为 Δ_i，则

$$\Delta_i = y_i - y_i' = y_i - (a+bx) \tag{2-54}$$

最好能引一使这个偏差值的总和为零的直线，设测定值的个数为 N，由下式

$$\sum \Delta_i = \sum y_i - Na - b\sum x_i = 0 \tag{2-55}$$

定出 a、b，则以 a、b 为常数和系数的直线即为所求的理想直线。

由于式（2-55）含有二个未知数 a 和 b，所以需将测定值按实验数据的次序分成相等或近似相等的两组，分别建立相应的方程式，然后联立方程，解之即得 a、b。

【例 2-4】 以转子流量计标定时得到的读数与流量关系为例，求实验方程。

读数 x/格	0	2	4	6	8	10	12	14	16
流量 y/(m³/h)	30.00	31.25	32.58	33.71	35.01	36.20	37.31	38.79	40.04

解：把上表数据分成 A、B 两组，前面 5 对 x、y 为 A 组，后面 4 对 x、y 为 B 组。

$(\sum x)_A = 0+2+4+6+8 = 20$

$(\sum y)_A = 30.00+31.25+32.58+33.71+35.01 = 162.55$

$(\sum x)_B = 10+12+14+16 = 52$

$(\sum y)_B = 36.20+37.31+38.79+40.04 = 152.34$

把这些数值代入式（2-55）

$$\begin{cases} 162.55 - 5a - 20b = 0 \\ 152.34 - 5a - 52b = 0 \end{cases}$$

联立求解得　$a=30.0$　$b=0.620$

所求直线方程为：$y=30.0+0.620x$

平均值法在实验数据精度不高的情况下不可使用，比较准确的方法是采用最小二乘法。

(4)实验数据的回归分析法

前面介绍了用图解法获得经验公式的过程。尽管图解法有很多优点,但它的应用范围毕竟很有限。本节将介绍目前在寻求实验数据的变量关系间的数学模型时,应用最广泛的一种数学方法,即回归分析法。用这种数学方法可以从大量观测的散点数据中寻找到能反映事物内部的一些统计规律,并可以用数学模型形式表达出来。回归分析法与计算机相结合,已成为确定经验公式最有效的手段之一。

回归也称拟合。对具有相关关系的两个变量,若用一条直线描述,则称一元线性回归,用一条曲线描述,则称一元非线性回归。对具有相关关系的三个变量,其中一个因变量、两个自变量,若用平面描述,则称二元线性回归,用曲面描述,则称二元非线性回归。依次类推,可以延伸到 n 维空间进行回归,则称多元线性回归或多元非线性回归。处理实验问题时,往往将非线性问题转化为线性来处理。建立线性回归方程的最有效方法为线性最小二乘法,以下主要讨论用最小二乘法回归一元线性方程。

① 一元线性回归方程的求法

在科学实验的数据统计方法中,通常要从获得的实验数据 $(x_i, y_i, i=1, 2, \cdots, n)$ 中,寻找其自变量 x_i 与因变量 y_i 之间函数关系 $y=f(x)$。由于实验测定数据一般都存在误差,因此,不能要求所有的实验点均在 $y=f(x)$ 所表示的曲线上,只需满足实验点 (x_i, y_i) 与 $f(x_i)$ 的残差 $d_i=y_i-f(x_i)$ 小于给定的误差即可。此类寻求实验数据关系近似函数表达式 $y=f(x)$ 的问题称之为曲线拟合。

曲线拟合首先应针对实验数据的特点,选择适宜的函数形式,确定拟合时的目标函数。例如在取得两个变量的实验数据之后,若在普通直角坐标纸上标出各个数据点,如果各点的分布近似于一条直线,则可考虑采用线性回归求其表达式。

设给定 n 个实验点 (x_1, y_1),(x_2, y_2),…,(x_n, y_n),其离散点图如图 2-10 所示。于是可以利用一条直线来代表它们之间的关系

$$y'=a+bx \tag{2-56}$$

式中 y'——由回归式算出的值,称回归值;

a,b——回归系数。

对每一测量值 x_i 可由式(2-56)求出一回归值 y'。回归值 y' 与实测值 y_i 之差的绝对值 $d_i=|y_i-y'_i|=|y_i-(a+bx_i)|$ 表明 y_i 与回归直线的偏离程度。两者偏离程度愈小,说明直线与实验数据点拟合愈好。$|y_i-y'_i|$ 值代表点 (x_1, y_1),沿平行于 y 轴方向到回归直线的距离,如图 2-11 上各竖直线 d_i 所示。

图 2-10 一元线性回归示意图

图 2-11 实验曲线示意图

曲线拟合时应确定拟合时的目标函数。选择残差平方和为目标函数的处理方法即为最小二乘法。此法是寻求实验数据近似函数表达式的更为严格有效的方法。定义为：最理想的曲线就是能使各点同曲线的残差平方和为最小。

设残差平方和 Q 为：

$$Q = \sum_{i=1}^{n} d_i^2 = \sum_{i=1}^{n} [y_i - (a+bx_i)]^2 \tag{2-57}$$

其中 x_i、y_i 是已知值，故 Q 为 a 和 b 的函数，为使 Q 值达到最小，根据数学上极值原理，只要将式（2-57）分别对 a 和 b 求偏导数 $\dfrac{\partial Q}{\partial a}$、$\dfrac{\partial Q}{\partial b}$，并令其等于零即可求 a 和 b 之值，这就是最小二乘法原理。即

$$\begin{cases} \dfrac{\partial Q}{\partial a} = -2\sum_{i=1}^{n}(y_i - a - bx_i) = 0 \\ \dfrac{\partial Q}{\partial b} = -2\sum_{i=1}^{n}(y_i - a - bx_i)x_i = 0 \end{cases} \tag{2-58}$$

由式（2-58）可得正规方程：

$$\begin{cases} a + \overline{x}b = \overline{y} \\ n\overline{x}a + \left(\sum_{i=1}^{n} x_i^2\right)b = \sum_{i=1}^{n} x_i y_i \end{cases} \tag{2-59}$$

式中

$$\overline{x} = \frac{1}{n}\sum_{i=1}^{n} x_i \qquad \overline{y} = \frac{1}{n}\sum_{i=1}^{n} y_i \tag{2-60}$$

解正规方程（2-59），可得到回归式中的 a（截距）和 b（斜率）

$$b = \frac{\sum(x_i y_i) - n\overline{x}\,\overline{y}}{\sum x_i^2 - n(\overline{x})^2} \tag{2-61}$$

$$a = \overline{y} - b\overline{x} \tag{2-62}$$

【例 2-5】 仍以转子流量计标定时得到的读数与流量关系为例，用最小二乘法求实验方程。

解：$\sum(x_i y_i) = 2668.58$，$\overline{x} = 8$，$\overline{y} = 34.9878$，$n = 9$，$\sum x_i^2 = 816$

$$b = \frac{\sum(x_i y_i) - n\overline{x}\,\overline{y}}{\sum x_i^2 - n(\overline{x})^2} = \frac{2668.58 - 9 \times 8 \times 34.9878}{816 - 9 \times 8^2} = 0.623$$

$$a = \overline{y} - b\overline{x} = 34.9878 - 0.623 \times 8 = 30.0$$

∴ 回归方程为：$y = 30.0 + 0.623x$

② 回归效果的检验

实验数据变量之间的关系具有不确定性，一个变量的每一个值对应的是整个集合值。当 x 改变时，y 的分布也以一定的方式改变。在这种情况下，变量 x 和 y 间的关系就称为相关关系。

在以上求回归方程的计算过程中，并不需要事先假定两个变量之间一定有某种相关关系。就方法本身而论，即使平面图上是一群完全杂乱无章的离散点，也能用最小二乘法给其配一条直线来表示 x 和 y 之间的关系。但显然这是毫无意义的。实际上只有两变量是线性关系时进行线性回归才有意义。因此，必须对回归效果进行检验。

a. 相关系数

我们可引入相关系数 r 对回归效果进行检验,相关系数 r 是说明两个变量线性关系密切程度的一个数量性指标。

若回归所得线性方程为：$y' = a + bx$

则相关系数 r 的计算式为（推导过程略）：

$$r = \frac{\sum(x_i - \overline{x})(y_i - \overline{y})}{\sqrt{\sum(x_i - \overline{x})^2 \sum(y_i - \overline{y})^2}} \tag{2-63}$$

r 的变化范围为 $-1 \leqslant r \leqslant 1$，其正、负号取决于 $\sum(x_i - \overline{x})(y_i - \overline{y})$，与回归直线方程的斜率 b 一致。r 的几何意义可用图 2-12 来说明。

当 $r = \pm 1$ 时，即 n 组实验值 (x_i, y_i)，全部落在直线 $y = a + bx$ 上，此时称完全相关，如图 2-12 的中 (4) 和 (5)。

当 $0 < |r| < 1$ 时，代表绝大多数的情况，这时 x 与 y 存在着一定线性关系。当 $r > 0$ 时，散点图的分布是 y 随 x 增加而增加，此时称 x 与 y 正相关，如图 2-12 中的 (2)。当 $r > 0$ 时，散点图的分布是 y 随 x 增加而减少，此时称 x 与 y 负相关，如图 2-12 中的 (3)。$|r|$ 越小，散点离回归线越远，越分散。当 $|r|$ 越接近 1 时，即 n 组实验值 (x_i, y_i) 越靠近 $y = a + bx$，变量与 x 之间的关系越接近于线性关系。

当 $r = 0$ 时，变量之间就完全没有线性关系了，如图 2-12 中的 (1)。应该指出，没有线性关系，并不等于不存在其他函数关系，如图 2-12 中的 (6)。

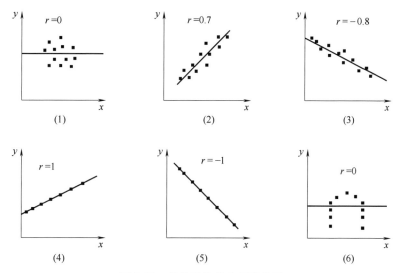

图 2-12 相关系数的几何意义图

b. 显著性检验

如上所述，相关系数 r 的绝对值愈接近 1，x、y 间愈线性相关。但究竟 $|r|$ 接近到什么程度才能说明 x 与 y 之间存在线性相关关系呢？这就有必要对相关系数进行显著性检验。只有当 $|r|$ 达到一定程度才可以采用回归直线来近似地表示 x、y 之间的关系，此时可以说明相关关系显著。一般来说，相关系数 r 达到使相关显著的值与实验数据的个数 n 有关。因此只有 $|r| > r_{\min}$ 时，才能采用线性回归方程来描述其变量之间的关系。$r_{\min}$ 值可以从

表 2-7 中查出。利用该表可根据实验点个数 n 及显著水平系数 α 查出相应的 $r_{\min}$。显著水平系数 α 一般可取 1% 或 5%。在转子流量计标定一例中，$n=9$ 则 $n-2=7$，查表 2-7 得：

$\alpha=0.01$ 时，$r_{\min}=0.798$；$\alpha=0.05$ 时，$r_{\min}=0.666$。

表 2-7 相关系数检验表

n	$r_{\min}$		n	$r_{\min}$	
	$\alpha=0.05$	$\alpha=0.01$		$\alpha=0.05$	$\alpha=0.01$
1	0.997	1.000	21	0.413	0.526
2	0.950	0.990	22	0.404	0.515
3	0.878	0.959	23	0.396	0.505
4	0.811	0.917	24	0.388	0.496
5	0.754	0.874	25	0.381	0.487
6	0.707	0.834	26	0.374	0.478
7	0.666	0.798	27	0.367	0.470
8	0.632	0.765	28	0.361	0.463
9	0.602	0.735	29	0.355	0.456
10	0.576	0.708	30	0.349	0.449
11	0.553	0.684	35	0.325	0.418
12	0.532	0.661	40	0.304	0.393
13	0.514	0.641	45	0.288	0.272
14	0.497	0.623	50	0.273	0.354
15	0.482	0.606	60	0.250	0.325
16	0.468	0.590	70	0.232	0.302
17	0.456	0.575	80	0.217	0.283
18	0.444	0.561	90	0.205	0.267
19	0.433	0.549	100	0.195	0.254
20	0.423	0.537	200	0.138	0.181

若实际的 $|r| \geqslant 0.798$，则说明该线性相关关系在 $\alpha=0.01$ 水平上显著。当 $0.789 \geqslant |r| \geqslant 0.666$ 时，则说明该线性相关关系在 $\alpha=0.05$ 水平上显著。当实验的 $|r| \leqslant 0.666$，则说明相关关系不显著，此时认为 x、y 线性不相关，配回归直线毫无意义。α 越小，显著程度越高。

【例 2-6】 求转子流量计标定实验的实际相关系数 r

解：$\overline{x}=8 \quad \overline{y}=34.9878$

$$\sum(x_i-\overline{x})(y_i-\overline{y})=149.46$$

$$\sum(x_i-\overline{x})^2=240$$

$$\sum(y_i-\overline{y})^2=93.12$$

$$r=\frac{\sum(x_i-\overline{x})(y_i-\overline{y})}{\sqrt{\sum(x_i-\overline{x})^2 \sum(y_i-\overline{y})^2}}=\frac{149.46}{\sqrt{240 \times 93.12}}=0.99976 \geqslant 0.798$$

说明此例的相关系数在 $\alpha=0.01$ 的水平仍然是高度显著的。

第3章 化工原理基础实验

实验 1 流体流动综合实验

Ⅰ 流体流动阻力的测定

一、实验目的

1. 学习直管摩擦阻力 Δp_f 和直管摩擦系数 λ 的测定方法。
2. 掌握直管摩擦系数 λ 与雷诺数 Re 和相对粗糙度之间的关系及其变化规律。
3. 掌握局部摩擦阻力 $\Delta p_f'$ 和局部阻力系数 ζ 的测定方法。
4. 学习压强差的几种测量方法和提高其测量精确度的一些技巧。

二、实验内容

1. 测定实验管路内流体流动的阻力和直管摩擦系数 λ。
2. 测定实验管路内流体流动的直管摩擦系数 λ 与雷诺数 Re 和相对粗糙度之间的关系曲线。
3. 测定管路部件局部摩擦阻力 $\Delta p_f'$ 和局部阻力系数 ζ。

三、实验原理

1. 直管摩擦系数 λ 与雷诺数 Re 的测定

直管的摩擦阻力系数是雷诺数和相对粗糙度的函数,即 $\lambda = f(Re, \varepsilon/d)$,对一定的相对粗糙度而言,$\lambda = f(Re)$。

流体在一定长度等直径的水平圆管内流动时,其管路阻力引起的能量损失为:

$$h_f = \frac{p_1 - p_2}{\rho} = \frac{\Delta p_f}{\rho} \tag{3-1}$$

又因为摩擦阻力系数与阻力损失之间有如下关系（范宁公式）

$$h_f = \frac{\Delta p_f}{\rho} = \lambda \frac{l}{d} \times \frac{u^2}{2} \tag{3-2}$$

整理（3-1）、（3-2）两式得

$$\lambda = \frac{2d}{\rho l} \times \frac{\Delta p_f}{u^2} \tag{3-3}$$

$$Re = \frac{du\rho}{\mu} \tag{3-4}$$

式中　d——管径，m；

Δp_f——直管阻力引起的压强降，Pa；

l——管长，m；

u——流速，m/s；

ρ——流体的密度，kg/m³；

μ——流体的黏度，N·s/m²。

在实验装置中，直管段管长 l 和管径 d 都已固定。若水温一定，则水的密度 ρ 和黏度 μ 也是定值。所以本实验实质上是测定直管段流体阻力引起的压强降 Δp_f 与流速 u（或流量 q_v）之间的关系。

根据实验数据和式（3-3）可计算出不同流速下的直管摩擦系数 λ，用式（3-4）计算对应的 Re，整理出直管摩擦系数和雷诺数的关系，绘出 λ 与 Re 的关系曲线。

2. 局部阻力系数 ζ 的测定

$$h'_f = \frac{\Delta p'_f}{\rho} = \zeta \frac{u^2}{2} \tag{3-5}$$

$$\zeta = \left(\frac{2}{\rho}\right) \times \frac{\Delta p'_f}{u^2} \tag{3-6}$$

式中　ζ——局部阻力系数，无因次；

$\Delta p'_f$——局部阻力引起的压强降，Pa；

h'_f——局部阻力引起的能量损失，J/kg。

图 3-1　局部阻力测量取压口布置图

局部阻力引起的压强降 $\Delta p'_f$ 可用下面方法测量：在一条各处直径相等的直管段上，安装待测局部阻力的阀门，在上、下游各开两对测压口 a-a' 和 b-b' 如图 3-1 所示，使 $ab=bc$；$a'b'=b'c'$，则 $\Delta p_{f,ab} = \Delta p_{f,bc}$；$\Delta p_{f,a'b'} = \Delta p_{f,b'c'}$

在 $a\sim a'$ 之间列伯努利方程式

$$p_a - p_{a'} = 2\Delta p_{f,ab} + 2\Delta p_{f,a'b'} + \Delta p'_f \tag{3-7}$$

在 $b\sim b'$ 之间列伯努利方程式：$p_b - p_{b'} = \Delta p_{f,bc} + \Delta p_{f,b'c'} + \Delta p'_f$

$$= \Delta p_{f,ab} + \Delta p_{f,a'b'} + \Delta p'_f \tag{3-8}$$

联立式（3-7）和式（3-8），则：$\Delta p'_f = 2(p_b - p_{b'}) - (p_a - p_{a'})$ (3-9)

为了实验方便，称 $(p_b - p_{b'})$ 为近点压差，称 $(p_a - p_{a'})$ 为远点压差。其数值用差压传感器或 U 形管压差计来测量。

四、实验装置的基本情况

1. 实验装置流程示意图（如图 3-2 所示）

图 3-2　流动过程综合实验流程示意图

1—离心泵；2—水箱；3,7—缓冲罐；4—光滑管测量管；5—粗糙管测量管；6—局部阻力测量管；8—流量计校核与离心泵性能测定管；V1～V19—测压管路阀门；V20—流量计校核与离心泵性能测定管流量调节；V21—小转子流量计调节阀；V22—大转子流量计调节阀；V23—光滑管阀；V24—粗糙管阀；V25—局部阻力；V26—压力表阀；V27—真空表阀；V28—水箱放水阀；F1—文丘里流量计；F2—涡轮流量计；F3—转子流量计（10～100L/h）；F4—转子流量计（100～1000L/h）；T1—温度计；P1—离心泵出口压力表；P2—离心泵入口压力表；PD1—压差传感器；PD2—倒置 U 形管压差计

2. 实验设备主要技术参数

见表 3-1。

表 3-1　实验设备主要技术参数

序号	名称	规格	材料
1	玻璃转子流量计	LZB—25　　100～1000(L/h) VA10-15F　　10～100(L/h)	玻璃

续表

序号	名称	规格	材料
2	压差传感器	型号 LXWY　测量范围 0～200kPa	不锈钢
3	离心泵	型号 WB70/055	不锈钢
4	孔板流量计	喉径 0.020m	不锈钢
5	实验管路	管径 0.042m	不锈钢
6	真空表	测量范围 −0.1～0MPa　精度 1.5 级，真空表测压位置管内径 d_1 0.042m	
7	压力表	测量范围 0～0.25MPa　精度 1.5 级 压力表测压位置管内径 d_2 0.042m	
8	涡轮流量计	型号 LWY-40 测量范围 0～20m³/h	
9	变频器	型号 E310-401-H3　规格：0～50Hz	
10	光滑管	管径 d 0.008m，管长 L 1.701m	
11	粗糙管	管径 d 0.010m，管长 L 1.709m	

注：真空表与压力表测压口之间的垂直距离 H_0 为 0.26m。

3. 实验装置仪表面板图

如图 3-3 所示。

图 3-3　实验装置仪表面板图

五、实验方法及步骤

(1) 向水箱注水至三分之二（最好使用蒸馏水，以保持流体清洁）。

(2) 光滑管阻力测定

① 关闭粗糙管路阀门 V2、V9、V24，将光滑管路阀门 V1、V8、V23 全开，在流量为零条件下，打开通向倒置 U 形管的进水阀 V16、V18，检查导压管内是否有气泡存在。若倒置 U 形管内液柱高度差不为零，则表明导压管内存在气泡。需要进行赶气泡操作。导压系统如图 3-4 所示，操作方法如下。

启动泵后，开启大转子流量计调节阀 V22，调节流量到最大，打开 U 形管 DP2 的进出水阀门 V16、V18，使倒置 U 形管内液体充分流动，以赶出管路内的气泡；若观察气泡已赶净，将大转子流量计调节阀 V22 关闭，U 形管进出水阀 V16、V18 关闭，慢慢旋开倒置 U 形管上部的放空阀 V19 后，分别缓慢打开排水阀 V15、V17，使液柱降至中点上下时马上关闭，管内形成气-水柱，此时管内液柱高度差不一定为零。然后关闭放空阀 V19，打开 U 形管进出水阀 V16、V18，此时 U 形管两液柱的高度差应为零（1～2mm 可以忽略），如相差较大则表明管路中仍有气泡存在，需要重复进行赶气泡操作。

② 该装置两个转子流量计并联连接，根据流量大小选择不同量程的流量计测量流量。

③ 差压变送器与倒置 U 形管亦是并联连接，用于测量压差，小流量时用 U 形管压差计测量，大流量时用差压变送器测量。应在最大流量和最小流量之间进行实验操作，一般测取 15～20 组数据。

注：在测大流量的压差时应关闭 U 形管的进出水阀 V16、V18，防止水利用 U 形管形成回路影响实验数据。

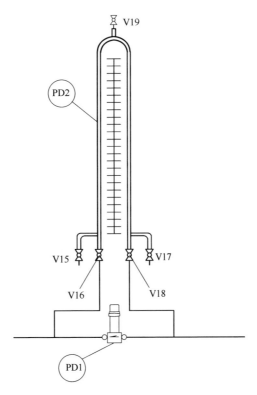

图 3-4 导压系统示意图

V15，V17——排水阀；V16，V18—倒置 U 形管进水阀；V19—U 形管放空阀；
PD1—压差传感器；PD2—倒置 U 形管压差计

(3) 粗糙管阻力测定

关闭光滑管阀 V1、V8、V23，将粗糙管阀 V2、V9、V24 全开，从小流量到最大流量，记录转子流量计 F3、F4 读数和压差 PD1 和 PD2，测取 15～20 组数据。

(4) 测取水箱水温 T1。待数据测量完毕，先关闭流量调节阀，使泵的流量为零，再停泵，最后关闭总电源。

(5) 局部阻力测量方法同上。注意：局部阻力的测定只需要 3 组大流量对应数据即可。

六、实验要求

1. 根据实验内容的要求和流程拟定实验步骤。
2. 根据流量范围，大致确定实验点的分布。
3. 经指导教师同意后，可以开始按拟定步骤进行实验操作。
4. 获取必要数据后，经指导教师检查同意后方可停止操作。将装置恢复到实验前的状态，做好清洁工作。

七、注意事项

1. 仔细阅读数字仪表操作方法说明书，待熟悉其性能和使用方法后再进行使用操作。
2. 启动离心泵之前以及从光滑管阻力测量过渡到其它测量之前，都必须检查所有流量调节阀是否关闭。
3. 利用压差传感器测量大流量下 Δp 时，应切断空气-水倒置 U 形玻璃管的阀门否则将影响测量数值的准确。
4. 在实验过程中每调节一个流量之后应待流量和直管压降的数据稳定以后方可记录数据。
5. 若较长时间未使用该装置，启动离心泵时应先盘轴转动以免烧坏电机。
6. 该装置电路采用五线三相制配电，实验设备应良好接地。
7. 启动离心泵前，必须关闭流量调节阀，关闭压力表和真空表的开关，以免损坏测量仪表。
8. 实验用水要用清洁的蒸馏水，以免影响涡轮流量计运行和寿命。

八、思考题

1. 倒 U 形压差计的零位应如何调节？
2. 在测大流量的压差时是否应关闭 U 形管的进出水阀？为什么？
3. 圆形直管内及导压管内可否有积存的空气？如有会有何影响？
4. 本实验以水为工作介质作出的 $\lambda\text{-}Re$ 曲线对其他流体是否适用？为什么？

Ⅱ 离心泵特性曲线测定

一、实验目的

1. 熟悉离心泵的操作方法。
2. 掌握离心泵特性曲线的测定方法、表示方法，加深对离心泵性能的了解。

二、实验内容

1. 熟悉离心泵的结构与操作方法。
2. 测定某型号离心泵在一定转速下的特性曲线。
3. 测定流量调节阀某一开度下管路特性曲线。

离心泵是最常见的液体输送设备。在一定的型号和转速下，离心泵的扬程 H、轴功率 N 及效率 η 均随流量 Q 而改变。通常通过实验测出 H-Q、N-Q 及 η-Q 关系，并用曲线表示之，称为特性曲线。特性曲线是确定泵的适宜操作条件和选用泵的重要依据。

三、实验原理

1. H 的测定

在泵的吸入口和排出口之间列伯努利方程

$$Z_入 + \frac{p_入}{\rho g} + \frac{u_入^2}{2g} + H = Z_出 + \frac{p_出}{\rho g} + \frac{u_出^2}{2g} + H_{f入-出} \tag{3-10}$$

$$H = (Z_出 - Z_入) + \frac{p_出 - p_入}{\rho g} + \frac{u_出^2 - u_入^2}{2g} + H_{f入-出} \tag{3-11}$$

上式中 $H_{f入-出}$ 是泵的吸入口和压出口之间管路内的流体流动阻力，与伯努利方程中其它项比较，$H_{f入-出}$ 值很小，故可忽略。于是上式变为：

$$H = (Z_出 - Z_入) + \frac{p_出 - p_入}{\rho g} + \frac{u_出^2 - u_入^2}{2g} \tag{3-12}$$

将测得的 $(Z_出 - Z_入)$ 和 $p_出 - p_入$ 值以及计算所得的 $u_入$、$u_出$ 代入上式，即可求得 H。

2. N 的测定

功率表测得的功率为电动机的输入功率。由于泵由电动机直接带动，传动效率可视为 1，所以电动机的输出功率等于泵的轴功率。即：

泵的轴功率 N = 电动机的输出功率，kW

电动机输出功率 = 电动机输入功率 × 电动机效率。

泵的轴功率 = 功率表读数 × 电动机效率，kW。

3. η 的测定

$$\eta = \frac{Ne}{N} \tag{3-13}$$

$$Ne = \frac{HQ\rho g}{1000} = \frac{HQ\rho}{102} \tag{3-14}$$

式中 η——泵的效率；

N——泵的轴功率，kW；

Ne——泵的有效功率，kW；

H——泵的扬程，m；

Q——泵的流量，m³/s；

ρ——水的密度，kg/m³。

四、实验装置的基本情况

实验装置见图 3-2、图 3-3，实验设备主要技术参数见表 3-1。

五、实验方法及步骤

1. 检查阀门 V20、V26、V27 是否关闭（应关闭）。
2. 启动离心泵，缓慢打开调节阀 V20 至全开。待系统内流体稳定，即系统内已没有气体，打开压力表和真空表的阀门 V26、V27。如果流量计校核实验和离心泵性能实验一起做则需要打开阀门 V7、V14。
3. 用阀门 V20 调节流量，从流量为零至最大或流量从最大到零，测取 10~15 组数据，同时记录涡轮流量计 $F2$ 的流量、文丘里流量计的压差、离心泵入口压力、离心泵出口压力、功率表读数，并记录水温。
4. 实验结束后，首先关闭流量调节阀 V20，再停泵，最后关闭总电源。

六、思考题

1. 离心泵启动前为什么要先灌水排气？本实验装置中的离心泵在安装上有何特点？
2. 启动泵前为什么要先关闭出口阀，待启动后，再逐渐开大？而停泵时，也要先关闭出口阀？
3. 离心泵的特性曲线是否与连接的管路系统有关？
4. 离心泵的流量增大时，压力表与真空表的数值将如何变化？为什么？
5. 离心泵的流量可通过泵的出口阀调节，为什么？
6. 什么情况下会出现"汽蚀"现象？
7. 离心泵在其进口管上安装调节阀门是否合理？为什么？

Ⅲ 流量计的校正实验

一、实验目的

练习并掌握节流式流量计流量系数 C_0 的确定方法，并能够根据实验结果分析流量系数 C_0 随雷诺数 Re 的变化规律。

二、实验内容

测定并绘制节流式流量计的流量标定曲线，确定流量系数 C_0。

三、实验原理

流体通过节流式流量计时在上、下游两取压口之间产生压强差，它与流量的关系为：

$$q_V = C_0 A_0 \sqrt{\frac{2(p_上 - p_下)}{\rho}} \tag{3-15}$$

式中 q_V——被测流体（水）的体积流量，m³/s；

C_0——流量系数，无因次；

A_0——流量计节流孔截面积，m²；

$p_上 - p_下$——流量计上、下游两取压口之间的压强差，Pa；

ρ——被测流体（水）的密度，kg/m³。

用涡轮流量计作为标准流量计来测量流量 q_V，每一个流量在压差计上都有一对应的读数，将压差计读数 Δp 和流量 q_V 绘制成一条曲线，即流量标定曲线。同时利用上式整理数据可进一步得到 C_0-Re 关系曲线。

四、实验装置的基本情况

实验装置见图 3-2、图 3-3，实验设备主要技术参数见表 3-1、表 3-2。

五、实验方法及步骤

1. 检查阀门 V20、V26、V27 是否关闭（应关闭）。
2. 启动离心泵，缓慢打开调节阀 V20 至全开。待系统内流体稳定，即系统内已没有气体，打开压力表和真空表的阀门 V26、V27。如果流量计校核实验和离心泵性能实验一起做则需要打开阀门 V7、V14。
3. 用阀门 V20 调节流量，从流量为零至最大或流量从最大到零，测取 10~15 组数据，同时记录涡轮流量计 F2 的流量、文丘里流量计的压差、离心泵入口压力、离心泵出口压力、功率表读数，并记录水温。

六、思考题

1. 流量计的孔流系数 C_0 与哪些参数有关？这些参数对孔流系数 C_0 有何影响？
2. 为什么测试系统要排气，如何正确排气？
3. 试验管路及导压管中如果积存有空气，为什么要排除？
4. 标绘 C_0-Re，C_V-Re 时选择什么样的坐标纸？你从所标绘的曲线，得出什么结论？

实验 2　恒压过滤常数测定

一、实验内容

测定恒定压力下，过滤方程式中的常数 K、q_e 及物料特性常数 k 和滤饼的压缩指数 s 或比阻 r_0。

二、实验目的

1. 掌握过滤的操作及调节方法。

2. 掌握恒压过滤常数 K、q_e 的测定方法，加深对 K、q_e 的概念和影响因素的理解。

3. 学习滤饼的压缩性指数 s 和物料常数 k 的测定方法。

三、实验原理

过滤是利用过滤介质进行液-固系统的分离过程，过滤介质通常采用带有许多毛细孔的物质如帆布、毛毯、多孔陶瓷等。含有固体颗粒的悬浮液在一定压力作用下，液体通过过滤介质，固体颗粒被截留，从而使液固两相分离。

在过滤过程中，由于固体颗粒不断地被截留在介质表面上，滤饼厚度逐渐增加，使得液体流过固体颗粒之间的孔道加长，增加了流体流动阻力。故恒压过滤时，过滤速率是逐渐下降的。随着过滤的进行，若想得到相同的滤液量，则过滤时间要增加。

恒压过滤方程

$$q^2 + 2qq_e = K\theta \tag{3-16}$$

式中　q——单位过滤面积获得的滤液体积，m^3/m^2；

　　　q_e——单位过滤面积上的虚拟滤液体积，m^3/m^2；

　　　θ——实际过滤时间，s；

　　　K——过滤常数，m^2/s。

将式（3-16）进行微分可得：

$$\frac{d\theta}{dq} = \frac{2}{K}q + \frac{2}{K}q_e \tag{3-17}$$

这是一个直线方程式，于普通坐标上标绘 $\frac{d\theta}{dq} - q$ 的关系，可得直线。其斜率为 $\frac{2}{K}$，截距为 $\frac{2}{K}q_e$，从而求出 K、q_e。

注：当各数据点的时间间隔不大时，$\frac{d\theta}{dq}$ 可用增量之比 $\frac{\Delta\theta}{\Delta q}$ 来代替。

过滤常数的定义式：

$$K = 2k\Delta p^{1-s} \tag{3-18}$$

两边取对数

$$\lg K = (1-s)\lg\Delta p + \lg 2k \tag{3-19}$$

因 $k = \frac{1}{\mu r'\nu} =$ 常数，故 K 与 Δp 的关系在对数坐标上标绘时应是一条直线，直线的斜率为 $1-s$，由此可得滤饼的压缩性指数 s，然后代入式（3-19）求物料特性常数 k。

四、实验装置

1. 实验设备流程图

如图 3-5 所示。

实验装置中固定头过滤、洗涤管路如图 3-6 所示。

2. 实验设备主要技术参数

（1）旋涡泵：型号 Y802-2。

（2）搅拌器：型号 KDZ-1；功率 160W；转速 3200r/min。

（3）过滤板：规格 160mm×180mm×11mm。

（4）滤布：型号，工业用；过滤面积 $0.0475m^2$。

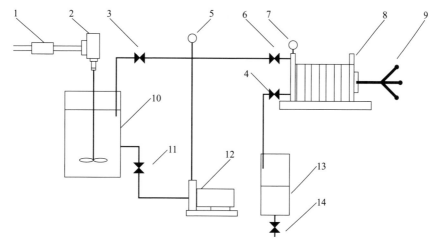

图 3-5　恒压过滤（板框过滤）实验装置流程图
1—调速器；2—电动搅拌器；3,4,6,11,14—阀门；5,7—压力表；8—板框过滤机；
9—压紧装置；10—滤浆槽；12—旋涡泵；13—计量桶

（5）计量桶：长 328mm，宽 288mm。

3. 实验流程简介

如图 3-5 所示，滤浆槽内配有一定浓度的轻质碳酸钙悬浮液（浓度为 6%～8%，用电动搅拌器进行均匀搅拌（浆液不出现旋涡为好）。启动旋涡泵，调节阀门 3 使压力表 5 指示在规定值。滤液在计量桶内计量。

五、实验方法及操作步骤

1. 系统接上电源，打开搅拌器电源开关，启动电动搅拌器 2。将滤浆槽 10 内浆液搅拌均匀。

图 3-6　板框过滤机固定头过滤、
洗涤管路分布图

2. 板框过滤机板、框排列顺序为：固定头—非洗涤板—框—洗涤板—框—非洗涤板—可动头。用压紧装置压紧后待用。

3. 使阀门 3 处于全开，阀门 4、6、11 处于全关状态。启动旋涡泵 12，调节阀门 3 使压力表 5 达到规定值。

4. 待压力表 5 稳定后，打开过滤入口阀 6 过滤开始。当计量桶 13 内见到第一滴液体时按表计时。记录滤液每增加高度 10mm 时所用的时间。当计量桶 13 读数为 150mm 时停止计时，并立即关闭入口阀 6。

5. 打开阀门 3 使压力表 5 指示值下降。开启压紧装置卸下过滤框内的滤饼并放回滤浆槽内，将滤布清洗干净。放出计量桶内的滤液并倒回槽内，以保证滤浆浓度恒定。

6. 改变压力，从步骤（2）开始重复上述实验。

7. 每组实验结束后，用洗水管路对滤饼进行洗涤，测定洗涤时间和洗水量。

8. 实验结束时，将阀门 11 接上自来水、阀门 4 接通下水，关闭阀门 3，对泵及滤浆进出口管进行冲洗。

六、实验注意事项

1. 过滤板与框之间的密封垫应注意放正，过滤板与框的滤液进出口对齐。用摇柄把过滤设备压紧，以免漏液。

2. 计量桶的流液管口应贴桶壁，否则液面波动影响读数。

3. 实验结束时关闭阀门3。用阀门11、4接通自来水对泵及滤浆进出口管进行冲洗。切忌将自来水灌入储料槽中。

4. 电动搅拌器为无级调速。使用时首先接上系统电源，打开调速器开关，调速钮一定要由小到大缓慢调节，切勿反方向调节或调节过快损坏电机。

5. 启动搅拌前，用手旋转一下搅拌轴以保证顺利启动搅拌器。

七、实验报告要求

1. 将实验数据及计算结果整理列表，并以其中一组数据计算举例。

2. 作图求出 K、q_e 滤饼的压缩性指数 s 和物料特性常数 k。

3. 讨论实验结果。

八、思考题

1. 为什么每次实验结束后都要把滤饼和滤液倒回滤浆槽？

2. 在恒压过滤条件下，过滤速率随过滤时间如何变化？是否过滤时间越长，生产能力就越大？

实验 3　对流给热系数测定

I　1号实验装置

一、实验目的

1. 通过对空气-水蒸气简单套管换热器的实验研究，掌握对流传热系数 α_i 的测定方法，加深对其概念和影响因素的理解。

2. 通过对管程内部插有螺旋线圈的空气-水蒸气强化套管换热器的实验研究，掌握对流传热系数 α_i 的测定方法，加深对其概念和影响因素的理解。

3. 学会并应用线性回归分析方法，确定传热管关联式 $Nu = ARe^m Pr^{0.4}$ 中常数 A、m 数值，强化管关联式 $Nu_0 = BRe^m Pr^{0.4}$ 中 B 和 m 数值。

4. 根据计算出的 Nu、Nu_0 求出强化比 Nu/Nu_0，比较强化传热的效果，加深理解强化传热的基本理论和基本方式。

5. 通过变换列管换热器换热面积实验测取数据计算总传热系数 K_0，加深对其概念和影响因素的理解。

6. 认识套管换热器（普通、强化）、列管换热器的结构及操作方法，测定并比较不同换热器的性能。

二、实验内容

1. 测定 6 组不同流速下简单套管换热器的对流传热系数 α_i。
2. 测定 6 组不同流速下强化套管换热器的对流传热系数 α_i。
3. 测定 6 组不同流速下空气全流通列管换热器总传热系数 K_0。
4. 测定 6 组不同流速下空气半流通列管换热器总传热系数 K_0。
5. 对 α_i 的实验数据进行线性回归，确定关联式 $Nu = ARe^m Pr^{0.4}$ 中常数 A、m 的数值。
6. 通过关联式 $Nu = ARe^m Pr^{0.4}$ 计算出 Nu、Nu_0，并确定传热强化比 Nu/Nu_0。

三、实验原理

1. 套管换热器（普通管）传热系数测定及准数关联式的确定

（1）对流传热系数 α_i 的测定　对流传热系数 α_i 可以根据牛顿冷却定律，通过实验来测定。

$$Q_i = \alpha_i S_i \Delta t_m \tag{3-20}$$

$$\alpha_i = \frac{Q_i}{\Delta t_m S_i} \tag{3-21}$$

式中　α_i——管内流体对流传热系数，$W/(m^2 \cdot ℃)$；

Q_i——管内传热速率，W；

S_i——管内换热面积，m^2；

Δt_m——管内壁面与冷流体间的平均温度差，℃。

Δt_m 由下式确定：

$$\Delta t_m = t_w - t_m \tag{3-22}$$

式中　t_m——冷流体的入口、出口平均温度，℃；

t_w——内管内壁温度，℃。

因为换热器内管为紫铜管，其导热系数很大，且管壁很薄，故认为内壁温度、外壁温度和壁面平均温度近似相等，用 t_w 来表示，由于管外使用蒸汽，所以 t_w 近似等于热流体的平均温度。

管内换热面积：

$$S_i = \pi d_i L_i \tag{3-23}$$

式中　d_i——内管管内径，m；

L_i——传热管测量段的实际长度，m。

由热量衡算式

$$Q_i = W_i c_{pi}(t_{i2} - t_{i1}) \tag{3-24}$$

其中质量流量由下式求得：

$$W_i = \frac{V_i \rho_i}{3600} \tag{3-25}$$

式中　V_i——冷流体在套管内的平均体积流量，m^3/h；

　　　c_{pi}——冷流体的定压比热容，$kJ/(kg \cdot ℃)$；

　　　ρ_i——冷流体的密度，kg/m^3；

　　　W_i——质量流量，kg/s；

c_{pi} 和 ρ_i 可根据定性温度 t_m 查得，

$t_m = \frac{t_{i1} + t_{i2}}{2}$，为冷流体进出口平均温度。

t_{i1}、t_{i2}、t_w、V_i 可采取一定的测量手段得到。

(2) 对流传热系数准数关联式的实验确定　流体在管内作强制湍流，被加热状态，准数关联式的形式为：

$$Nu_i = A Re_i^m Pr_i^n \tag{3-26}$$

其中：$Nu_i = \frac{\alpha_i d_i}{\lambda_i}$，$Re_i = \frac{u_i d_i \rho_i}{\mu_i}$，$Pr_i = \frac{c_{pi} \mu_i}{\lambda_i}$

物性数据 λ_i、c_{pi}、ρ_i、μ_i 可根据定性温度 t_m 查得。对于管内被加热的空气 $n = 0.4$ 则关联式的形式简化为：

$$Nu_i = A Re_i^m Pr_i^{0.4} \tag{3-27}$$

这样通过实验确定不同流量下的 Re_i 与 Nu_i，然后用线性回归方法确定 A 和 m 的值。

2. 套管换热器（强化管）传热系数、准数关联式及强化比的测定

强化传热技术，可以使初设计的传热面积减小，从而减小换热器的体积和重量，提高了现有换热器的换热能力，达到强化传热的目的。同时换热器能够在较低温差下工作，减少了换热器工作阻力，以减少动力消耗，更合理有效地利用能源。强化传热的方法有多种，本实验装置采用了多种强化方式，其中螺旋线圈强化管的内部结构图如图 3-7 所示，螺旋线圈由

图 3-7　螺旋线圈强化管内部结构

直径 3mm 以下的铜丝和钢丝按一定节距绕成。将金属螺旋线圈插入并固定在管内，即可构成一种强化传热管。在近壁区域，流体一面由于螺旋线圈的作用而发生旋转，一面还周期性地受到线圈的螺旋金属丝的扰动，因而可以使传热强化。由于绕制线圈的金属丝直径很细，流体旋流强度也较弱，所以阻力较小，有利于节省能源。螺旋线圈是以线圈节距 H 与管内径 d 的比值以及管壁粗糙度 $(2d/h)$ 为主要技术参数，且长径比是影响传热效果和阻力系数的重要因素。

科学家通过实验研究总结了形式为 $Nu = A Re^m$ 的经验公式，其中 A 和 m 的值因强化方式不同而不同。在本实验中，确定不同流量下的 Re_i 与 Nu_i，用线性回归方法可确定 B 和 m 的值。

单纯研究强化手段的强化效果（不考虑阻力的影响），可以用强化比的概念作为评判准

则,它的形式是:Nu/Nu_0,其中 Nu 是强化管的努塞尔准数,Nu_0 是普通管的努塞尔准数,显然,强化比 $Nu/Nu_0>1$,而且它的值越大,强化效果越好。需要说明的是,如果评判强化方式的真正效果和经济效益,则必须考虑阻力因素,阻力系数随着换热系数的增加而增加,从而导致换热性能的降低和能耗的增加,只有强化比高,且阻力系数小的强化方式,才是最佳的强化方法。

3. 列管换热器总传热系数 K_0 的计算

总传热系数 K_0 是评价换热器性能的一个重要参数,也是对换热器进行传热计算的依据。对于已有的换热器,可以通过测定有关数据,如设备尺寸、流体的流量和温度等,通过传热速率方程式计算 K_0 值。

传热速率方程式是换热器传热计算的基本关系。该方程式中,冷、热流体温度差 ΔT 是传热过程的推动力,它随着传热过程冷热流体的温度变化而改变。

传热速率方程式 $\quad Q=K_0 S_0 \Delta T_m \quad$ (3-28)

热量衡算式 $\quad Q=c_p W(t_2-t_1) \quad$ (3-29)

总传热系数 $\quad K_0=\dfrac{c_p W(t_2-t_1)}{S_0 \Delta T_m} \quad$ (3-30)

式中 Q——热量,W;

S_0——传热面积,m^2;

ΔT_m——冷热流体的平均温差,℃;

K_0——总传热系数,W/(m^2·℃);

c_p——比热容,J/(kg·℃);

W——空气质量流量,kg/s;

t_2-t_1——空气进出口温差,℃。

四、实验装置的基本情况

传热实验流程示意图和传热过程综合实验面板图分别见图 3-8 和图 3-9。实验装置结构参数见表 3-2。

表 3-2 实验装置结构参数

序号	位号	设备名称	规格、型号
1		套管换热器	紫铜管 $\Phi 22mm \times 1mm$,$L=1.2m$
2		列管换热器	不锈钢管 $\Phi 22mm \times 1.5mm$,管长 $L=1.2m$,6 根
3		强化传热内插物	螺旋线圈丝径 1mm,节距 40mm
4	F1	孔板流量计	$C_0=0.65$,$d_0=0.017m$
5		储水槽	不锈钢,带盖
6		加热器	2.5kW;250mm 长

图 3-8 传热实验流程示意图

V1、V3—空气进口阀；V2、V4—蒸汽进口阀；V5—空气旁路调节阀；V6—排水阀；L1—液位计；T1、T2—列管换热器空气进出口温度计；T3、T4—列管换热器蒸汽进出口温度计；T5、T6—套管换热器空气进出口温度计；T7—套管换热器内管壁面温度计；F1—孔板流量计；E1—蒸汽发生器内加热电压

图 3-9 传热过程综合实验面板图

五、实验操作步骤

1. 实验前的准备及检查工作

（1）向储水槽中加入蒸馏水至 2/3。

（2）检查空气流量旁路调节阀 V5 是否全开。

（3）检查蒸汽管支路控制阀 V2 或 V4 是否已打开，保证蒸汽管线的畅通。

（4）接通电源总闸，设定加热电压。

2. 套管换热器对流传热系数测定实验（光滑管）

（1）准备工作完毕后，打开蒸汽进口阀门 V2，启动仪表面板加热开关，对蒸汽发生器内液体进行加热。当所做套管换热器内管壁温升到接近 100℃并保持 5min 不变时，打开阀门 V1，全开旁路阀 V5，启动风机开关。

（2）用旁路调节阀 V5 来调节空气流量，调好某一流量后稳定 3~5min 后，分别记录空气的流量、空气进出口的温度及壁面温度。

（3）改变流量测量下组数据。一般从小流量到最大流量之间，要测量 5~6 组数据。

3. 套管换热器对流传热系数测定实验（强化管）

全部打开空气旁路阀 V5，停风机。把强化丝装进套管换热器内并安装好。实验方法同步骤 2。

4. 列管换热器传热系数测定实验

（1）列管换热器冷流体全流通实验，打开蒸汽进口阀门 V4，当蒸汽出口温度接近 100℃并保持 5min 不变时，打开阀门 V3，全开旁路阀 V5，启动风机，利用旁路调节阀 V5 来调节空气流量，调好某一流量后稳定 3~5min 后，分别记录空气的流量、空气进出口的温度及蒸汽的进出口温度。

（2）列管换热器冷流体半流通实验，用准备好的丝堵堵上一半面积的内管，打开蒸汽进口阀门 V4，当蒸汽出口温度接近 100℃并保持 5min 不变时，打开阀门 V3，全开旁路阀 V5，启动风机，利用旁路调节阀 V5 来调节空气流量，调好某一流量后稳定 3~5min 后，分别记录空气的流量、空气进出口的温度及蒸汽的进出口温度。

（3）实验结束后，首先关闭加热开关，5min 后关闭风机和总电源。一切复原。

六、实验注意事项

1. 检查蒸汽发生器中的水位是否在正常范围内。特别是每个实验结束后，进行下一实验之前，如果发现水位过低，应及时补给水量。

2. 必须保证蒸汽上升管线的畅通。即在给蒸汽发生器电压之前，两蒸汽支路阀门之一必须全开。在转换支路时，应先开启需要的支路阀，再关闭另一侧，且开启和关闭阀门必须缓慢，防止管线截断或蒸汽压力过大突然喷出。

3. 必须保证空气管线的畅通。即在接通风机电源之前，两个空气支路控制阀之一和旁路调节阀必须全开。在转换支路时，应先关闭风机电源，然后开启和关闭支路阀。

4. 调节流量后，应至少稳定 3~5min 后读取实验数据。

5. 实验中保持上升蒸汽量的稳定，不应改变加热电压。

Ⅱ 2~5号实验装置

一、实验目的和任务

1. 通过对空气-水蒸气简单套管换热器的实验研究，掌握对流传热系数 α_i 的测定方法，加深对其概念和影响因素的理解。
2. 通过对管程内部插有螺旋线圈的空气-水蒸气强化套管换热器的实验研究，掌握对流传热系数的测定方法，加深对其概念和影响因素的理解。
3. 学会并应用线性回归分析方法，确定传热管关联式 $Nu=ARe^mPr^{0.4}$ 中常数 A、m 数值，强化管关联式 $Nu_0=BRe^mPr^{0.4}$ 中 B 和 m 数值。
4. 根据计算出的 Nu、Nu_0 求出强化比，比较强化传热的效果，加深理解强化传热的基本理论和基本方式。

二、实验内容

1. 测定 5~6 组不同流速下简单套管换热器的对流传热系数 α_i。
2. 测定 5~6 组不同流速下强化套管换热器的对流传热系数 α_i。
3. 对 α_i 实验数据进行线性回归，确定关联式 $Nu=ARe^mPr^{0.4}$ 中常数 A、m 的数值。
4. 通过关联式 $Nu=ARe^mPr^{0.4}$ 计算出 Nu、Nu_0，并确定传热强化比 Nu/Nu_0。

三、实验原理

1. 普通套管换热器传热系数测定及准数关联式的确定

（1）对流传热系数 α_i 的测定

对流传热系数 α_i 可以根据牛顿冷却定律，通过实验来测定。

$$Q_i = \alpha_i S_i \Delta t_m \tag{3-31}$$

$$\alpha_i = \frac{Q_i}{\Delta t_m S_i} \tag{3-32}$$

式中　α_i——管内流体对流传热系数，$W/(m^2 \cdot ℃)$；

Q_i——管内传热速率，W；

S_i——管内换热面积，m^2；

Δt_m——管内壁面与冷流体间的平均温度差，℃。

Δt_m 由下式确定：
$$\Delta t_m = t_w - t_m \tag{3-33}$$

式中　t_m——冷流体的入口、出口平均温度，℃；

t_w——内管内壁温度，℃。

因为换热器内管为紫铜管，其导热系数很大，且管壁很薄，故认为内壁温度、外壁温度和壁面平均温度近似相等，用 t_w 来表示，由于管外使用蒸汽，所以 t_w 近似等于热流体的平均温度。

管内换热面积:
$$S_i = \pi d_i L_i \tag{3-34}$$

式中　d_i——内管管内径，m；

L_i——传热管测量段的实际长度，m。

由热量衡算式：
$$Q_i = W_i c_{pi} (t_{i2} - t_{i1}) \tag{3-35}$$

其中质量流量由下式求得：
$$W_i = \frac{V_i \rho_i}{3600} \tag{3-36}$$

式中　V_i——冷流体在套管内的平均体积流量，m^3/h；

c_{pi}——冷流体的定压比热容，kJ/(kg·℃)；

ρ_i——冷流体的密度，kg/m^3。

c_{pi} 和 ρ_i 可根据定性温度 t_m 查得，

$t_m = \dfrac{t_{i1} + t_{i2}}{2}$，为冷流体进出口平均温度。

t_{i1}、t_{i2}、t_w、V_i 可采取一定的测量手段得到。

（2）对流传热系数准数关联式的实验确定

流体在管内作强制湍流，被加热状态，准数关联式的形式为：
$$Nu_i = A Re_i^m Pr_i^n \tag{3-37}$$

其中：$Nu_i = \dfrac{\alpha_i d_i}{\lambda_i}$，$Re_i = \dfrac{u_i d_i \rho_i}{\mu_i}$，$Pr_i = \dfrac{C_{pi} \mu_i}{\lambda_i}$

物性数据 λ_i、c_{pi}、ρ_i、μ_i 可根据定性温度 t_m 查得。经过计算可知，对于管内被加热的空气，普兰特准数 Pr_i 变化不大，可以认为是常数，则关联式的形式简化为：
$$Nu_i = A Re_i^m Pr_i^{0.4} \tag{3-38}$$

这样通过实验确定不同流量下的 Re_i 与 Nu_i，然后用线性回归方法确定 A 和 m 的值。

2. 强化套管换热器传热系数、准数关联式及强化比的测定

科学家通过实验研究总结了形式为 $Nu = A Re^m$ 的经验公式，其中 A 和 m 的值因强化方式不同而不同。在本实验中，确定不同流量下的 Re_i 与 Nu_i，用线性回归方法可确定 B 和 m 的值。

单纯研究强化手段的强化效果（不考虑阻力的影响），可以用强化比的概念作为评判准则，它的形式是：Nu/Nu_0，其中 Nu 是强化管的努塞尔准数，Nu_0 是普通管的努塞尔准数，显然，强化比 $Nu/Nu_0 > 1$，而且它的值越大，强化效果越好。需要说明的是，如果评判强化方式的真正效果和经济效益，则必须考虑阻力因素，阻力系数随着换热系数的增加而增加，从而导致换热性能的降低和能耗的增加，只有强化比高，且阻力系数小的强化方式，才是最佳的强化方法。

四、实验装置

1. 实验装置流程示意图

如图 3-10 所示。

图 3-10 传热综合实验装置流程图

1—光滑管空气进口阀；2—光滑管空气进口温度计；3—光滑管蒸汽出口；4—光滑套管换热器；5—光滑管空气出口温度计；6—强化管空气进口阀；7—强化管空气进口温度计；8—强化管蒸汽出口；9—内插有螺旋线圈的强化套管换热器；10—光滑套管蒸汽进口阀；11—强化管空气出口温度计；12—孔板流量计；13—强化套管蒸汽进口阀；14—空气旁路调节阀；15—旋涡气泵；16—储水罐；17—液位计；18—蒸汽发生器；19—排水阀；20—冷凝器；其中 2,5,7,11,12 为测试点

2. 实验设备主要技术参数

如表 3-3 所示。

表 3-3 实验装置结构参数

实验内管规格/mm		Φ22mm×1mm
实验内管外径 d_o/mm		22.0
实验外管规格/mm		Φ57mm×3.5mm
测量段(紫铜内管)长度 L/m		1.20
强化内管内插物(螺旋线圈)尺寸	丝径 h/mm	1
	节距 H/mm	40
孔板流量计孔流系数及孔径		$c_0=0.65$、$d_0=0.017$m
旋涡气泵		XGB-2 型
加热釜	操作电压	≤200V
	操作电流	≤10A

3. 实验装置面板图

如图 3-11 所示。

图 3-11 传热过程综合实验面板图

五、实验操作步骤

1. 实验前的检查准备

（1）向储水罐 16 中加水至液位计上端。

（2）检查空气流量旁路调节阀 14 是否全开（应全开）。

（3）检查蒸气管支路各控制阀 10、13 和空气支路控制阀 1、6 是否已打开（应保证有一路是开启状态），保证蒸汽和空气管线畅通。

（4）合上电源总闸，设定加热电压，启动电加热器开关，开始加热。加热系统处于完好状态。

2. 实验开始

（1）合上电源总开关。打开加热开关，设定加热电压（不得大于 200V），直至有水蒸气冒出，在整个实验过程中始终保持换热器蒸汽放空口 3 或 8 处有水蒸气冒出，经过冷凝器 20 将水蒸气冷凝下来，并流回到储水罐 16 中循环使用。

加热电压的设定：按一下加热电压控制仪表的◀键，在仪表的 SV 显示窗中右下方出现一闪烁的小点，每按一次◀键，小点便向左移动一位，小点在哪个位子上就可以利用▲、

◆键调节相应位子的数值，调好后在不按动仪表上任何按键的情况下 30s 后仪表自动确认，并按所设定的数值应用。

（2）合上面板上风机开关启动风机并用旁路调节阀 14 来调节空气的流量，在一定的流量下稳定 3～5min 后分别测量空气的流量，空气进、出口的温度，由温度巡检仪测量（1—光滑管空气入口温度；2—光滑管空气出口温度；3—粗糙管空气入口温度；4—粗糙管空气出口温度），换热器内管壁面的温度由温度巡检仪（上—光滑管壁面温度；下—粗糙管壁面温度）测得。然后，在改变流量稳定后分别测量空气的流量，空气进、出口的温度，壁面温度后继续实验。

（3）实验结束后，依次关闭加热、风机和总电源。一切复原。

六、实验注意事项

1. 检查蒸汽加热釜中的水位是否在正常范围内。特别是每个实验结束后，进行下一实验之前，如果发现水位过低，应及时补给水量。

2. 必须保证蒸汽上升管线的畅通。即在给蒸汽加热釜电压之前，两蒸汽支路阀门之一必须全开。在转换支路时，应先开启需要的支路阀，再关闭另一侧，且开启和关闭阀门必须缓慢，防止管线截断或蒸汽压力过大突然喷出。

3. 必须保证空气管线的畅通。即在接通风机电源之前，两个空气支路控制阀之一和旁路调节阀必须全开。在转换支路时，应先关闭风机电源，然后开启和关闭支路阀。

4. 调节流量后，应至少稳定 3～8min 后读取实验数据。

5. 实验中保持上升蒸汽量的稳定，不应改变加热电压，且保证蒸汽放空口一直有蒸汽放出。

七、实验报告要求

1. 将实验数据及数据结果整理列表。

2. 准数关联式回归过程、结果与具体的回归方差分析，并以其中一组数据计算举例。在双对数坐标系中绘制 $Nu \sim Re$ 的关系图，求出准数关联式中的常数 A 和 m。

3. 将实验结果与经验公式相比较进行分析。

八、思考题

1. 本实验中空气和蒸汽的流向、对传热效果有什么影响？

2. 在汽-气对流实验中，采用同一换热器，在流体流量及进口温度均不发生变化的时候，两种流体流动方式由逆流改为并流，总传热系数是否发生变化？为什么？

3. 在汽-气对流实验中，测定的壁面温度是接近空气侧的温度，还是接近蒸汽侧的温度？为什么？

4. 环隙间饱和蒸汽的压强发生变化，对管内空气传热膜系数的测量是否会发生影响？

5. 本实验可采取哪些措施强化传热？

实验 4 精馏塔的操作和全塔效率的测定

一、实验目的

1. 了解板式精馏塔的结构和操作。
2. 学习精馏塔性能参数的测量方法，并掌握其影响因素。

二、实验内容

1. 测定精馏塔在全回流条件下，稳定操作后的全塔理论塔板数和总板效率。
2. 测定精馏塔在某一流条件下，稳定操作后的全塔理论塔板数和总板效率。

三、实验原理

对于二元物系，如已知其汽液平衡数据，则根据精馏塔的原料液组成、进料热状况、操作回流比及塔顶馏出液组成、塔底釜液组成可以求出该塔的理论板数 N_T。按照式 (3-39) 可以得到总板效率 E_T，其中 N_P 为实际塔板数。

$$E_T = \frac{N_T}{N_P} \times 100\% \tag{3-39}$$

部分回流时，进料热状况参数的计算式为

$$q = \frac{c_{pm}(t_{BP} - t_F) + r_m}{r_m} \tag{3-40}$$

式中　t_F——进料温度，℃；

　　　t_{BP}——进料的泡点温度，℃；

　　　c_{pm}——进料液体在平均温度 $(t_F + t_{BP})/2$ 下的比热容，kJ/(kmol·℃)；

　　　r_m——进料液体在泡点温度下的汽化潜热，kJ/kmol。

$$C_{pm} = C_{p1} M_1 x_1 + C_{p2} M_2 x_2 \quad \text{kJ/(kmol·℃)} \tag{3-41}$$

$$r_m = r_1 M_1 x_1 + r_2 M_2 x_2 \quad \text{kJ/kmol} \tag{3-42}$$

式中　c_{p1}，c_{p2}——分别为纯组分 1 和组分 2 在平均温度下的比热容，kJ/(kg·℃)；

　　　r_1，r_2——分别为纯组分 1 和组分 2 在泡点温度下的汽化潜热，kJ/kg；

　　　M_1，M_2——分别为纯组分 1 和组分 2 的摩尔质量，kJ/kmol；

　　　x_1，x_2——分别为纯组分 1 和组分 2 在进料中的摩尔分率。

四、实验装置基本情况

1. 实验设备流程图

如图 3-12 所示。

2. 实验设备主要技术参数

精馏塔实验装置结构参数见表 3-4。

图 3-12 精馏实验装置流程图

1—原料罐;2—进料泵;3—原料罐液位计;4—电加热棒;5—上高位槽阀门;6—原料进塔流量调节阀;
7—进料转子流量计;8—高位槽;9—玻璃观测段;10—精馏塔;11—再沸器;12—塔釜取样阀;
13—塔顶冷凝器;14—回流比电磁线圈;15—塔顶取样阀;16—塔顶产品罐;17—塔釜出料罐放气阀门;
18—电磁阀;19—塔釜出料罐;20—进料取样阀;21,22,23—进料阀;24—塔釜液位计;
25—塔釜出料手动放液阀;26—冷却水转子流量计;27—塔釜进料排气阀门;28—塔釜压力表
T1~T11—测温点

表 3-4 精馏塔结构参数

名称	直径/mm	高度/mm	板间距/mm	板数/块	板型、孔径/mm	降液管直径/mm	材质
塔体	Φ57×3.5	100	100	9	筛板2.0	Φ8×1.5	不锈钢
塔釜	Φ100×2	300					不锈钢
塔顶冷凝器	Φ57×3.5	300					不锈钢
塔釜冷凝器	Φ39×3.5	230					不锈钢

3. 实验设备面板图

如图 3-13 所示。

图 3-13　精馏设备仪表面板图

五、实验方法及步骤

1. 实验前检查准备工作

（1）将与阿贝折光仪配套使用的超级恒温水浴（阿贝折光仪和超级恒温水浴用户自备）调整运行到所需的温度，并记录这个温度。将取样用注射器和镜头纸备好。

（2）检查实验装置上的各个旋塞、阀门均应处于关闭状态。

（3）配制一定浓度（质量浓度20%左右）的乙醇-正丙醇混合液（总容量15L左右），倒入原料罐1中。

（4）打开直接进料阀门和进料泵开关，向精馏釜内加料到指定高度（冷液面在塔釜总高2/3处），而后关闭进料阀门和进料泵。

2. 实验操作

（1）全回流操作

① 打开塔顶冷凝器进水阀门，保证冷却水足量（60L/h左右即可）。

② 记录室温。接通总电源开关（220V）。

③ 启动加热开关，调节加热电压约为130V，待塔板上建立液层后再适当加大电压，使塔内维持正常操作。

④ 当各块塔板上鼓泡均匀后，保持加热釜电压不变，在全回流情况下稳定20min左右。期间要随时观察塔内传质情况直至操作稳定。然后分别在塔顶、塔釜取样口用50mL三角瓶同时取样，通过阿贝折光仪分析样品浓度。

（2）部分回流操作

① 打开间接进料阀门和进料泵，向高位槽加料调节进料转子流量计，以 2.0～3.0 （L/h）的流量向塔内加料，用回流比控制调节器调节回流比为 $R=4$，馏出液收集在塔顶液回收罐中。回流比控制调节器：按住仪表上◎键 30s，SV 窗显示数字有闪动时，利用◎键选择所要调节数字的位数，利用◎键调节所需数值，调节完成后再按三次◎键仪表确认，不动任何按键的情况下 30s 后仪表确认。

② 塔釜产品经冷却后由溢流管流出，收集在容器内。

③ 待操作稳定后，观察塔板上传质状况，记下加热电压、塔顶温度等有关数据，整个操作中维持进料流量计读数不变，分别在塔顶、塔釜和进料三处取样，用阿贝折光仪分析其浓度并记录下进塔原料液的温度。

（3）实验结束

① 取好实验数据并检查无误后可停止实验，此时关闭进料阀门和加热开关，关闭回流比调节器开关。

② 停止加热后 10min 再关闭冷却水，一切复原。

③ 根据物系的 t-x-y 关系，确定部分回流下进料的泡点温度并进行数据处理。

六、实验注意事项

1. 由于实验所用物系属易燃物品，所以实验中要特别注意安全，操作过程中避免洒落以免发生危险。

2. 本实验设备加热功率由仪表自动调节，注意控制加热升温要缓慢，以免发生暴沸（过热沸腾）使釜液从塔顶冲出。若出现此现象应立即断电，重新操作。升温和正常操作过程中釜的电功率不能过大。

3. 开车时要先接通冷却水再向塔釜供热，停车时操作反之。

4. 为便于对全回流和部分回流的实验结果（塔顶产品质量）进行比较，应尽量使两组实验的加热电压及所用料液浓度相同或相近。连续开出实验时，应将前一次实验时留存在塔釜、塔顶、塔底产品接受器内的料液倒回原料液储罐中循环使用。

七、报告内容

1. 计算 X_D 和 X_W。
2. 图解法确定理论板数，并求出全塔效率。
3. 讨论实验结果。

八、思考题

1. 在精馏操作过程中，回流温度发生波动，对操作会产生什么影响？
2. 在板式塔中，气体、液体在塔内流动中，可能会出现几种操作现象？
3. 如何判断精馏塔内的操作是否正常合理？如何判断塔内的操作是否处于稳定状态？
4. 是否精馏塔越高，产量越大？
5. 精馏塔加高能否得到无水酒精？

6. 结合本实验说明影响精馏操作稳定的因素有哪些？

7. 操作中加大回流比应如何进行？有何利弊？

8. 精馏塔在操作过程中，由于塔顶采出率太大而造成产品不合格时，要恢复正常的最快最有效的方法是什么？

实验 5　吸收塔的操作和吸收传质系数的测定

一、实验目的

1. 了解填料吸收塔的结构、性能和特点，练习并掌握填料塔操作方法；通过实验测定数据的处理分析，加深对填料塔流体力学性能基本理论的理解，加深对填料塔传质性能理论的理解。

2. 掌握填料吸收塔传质能力和传质效率的测定方法，练习对实验数据的处理分析。

二、实验内容

1. 测定填料层压强降与操作气速的关系，确定在一定液体喷淋量下的液泛气速。

2. 固定液相流量和入塔混合气二氧化碳的浓度，在液泛速度下取两个相差较大的气相流量，分别测量塔的传质能力（传质单元数和回收率）和传质效率（传质单元高度和体积吸收总系数）。

3. 进行水吸收混合气体中二氧化碳和解吸水中二氧化碳的操作练习。

三、实验原理

气体通过填料层的压强降：压强降是塔设计中的重要参数，气体通过填料层压强降的大小决定了塔的动力消耗。压强降与气、液流量均有关，不同液体喷淋量下填料层的压强降 Δp 与气速 u 的关系如图 3-14 所示：

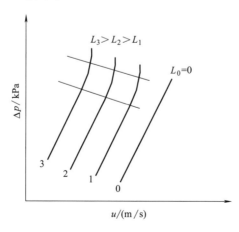

图 3-14　填料层的 Δp-u 关系

当液体喷淋量 $L_0=0$ 时，干填料的 $\Delta p\text{-}u$ 的关系是直线，如图中的直线 0。当有一定的喷淋量时，$\Delta p\text{-}u$ 的关系变成折线，并存在两个转折点，下转折点称为"载点"，上转折点称为"泛点"。这两个转折点将 $\Delta p\text{-}u$ 关系分为三个区段：恒持液量区、载液区及液泛区。

传质性能：吸收系数是决定吸收过程速率高低的重要参数，实验测定可获取吸收系数。对于相同的物系及一定的设备（填料类型与尺寸），吸收系数随着操作条件及气液接触状况的不同而变化。

根据双膜模型的基本假设（图 3-15），气侧和液侧的吸收质 A 的传质速率方程可分别表达为

气膜 $$G_A = k_g A (p_A - p_{Ai}) \tag{3-43}$$

液膜 $$G_A = k_l A (C_{Ai} - C_A) \tag{3-44}$$

式中 G_A——A 组分的传质速率，kmol/s；

A——两相接触面积，m^2；

p_A——气侧 A 组分的平均分压，Pa；

p_{Ai}——相界面上 A 组分的平均分压，Pa；

c_A——液侧 A 组分的平均浓度，$kmol/m^3$；

c_{Ai}——相界面上 A 组分的浓度，$kmol/m^3$；

k_g——以分压表达推动力的气侧传质膜系数，$kmol/(m^2 \cdot s \cdot Pa)$；

k_l——以物质的量浓度表达推动力的液侧传质膜系数，m/s。

图 3-15 双膜模型的浓度分布图

以气相分压或以液相浓度表示传质过程推动力的相际传质速率方程又可分别表达为：

$$G_A = K_G A (p_A - p_A^*) \tag{3-45}$$

$$G_A = K_L A (c_A^* - c_A) \tag{3-46}$$

式中 p_A^*——液相中 A 组分的实际浓度所要求的气相平衡分压，Pa；

c_A^*——气相中 A 组分的实际分压所要求的液相平衡浓度，$kmol/m^3$；

K_G——以气相分压表示推动力的总传质系数或简称为气相传质总系数，$kmol/(m^2 \cdot$

s·Pa);

K_L——以液相分压表示推动力的总传质系数，或简称为液相传质总系数，m/s。若气液相平衡关系遵循亨利定律：$c_A = Hp_A$，则：

$$\frac{1}{K_G} = \frac{1}{k_g} + \frac{1}{Hk_l} \tag{3-47}$$

$$\frac{1}{K_L} = \frac{H}{k_g} + \frac{1}{k_l} \tag{3-48}$$

当气膜阻力远大于液膜阻力时，则相际传质过程受气膜传质速率控制，此时，$K_G = k_g$；反之，当液膜阻力远大于气膜阻力时，则相际传质过程受液膜传质速率控制，此时，$K_L = k_l$。

如图 3-16 所示，在逆流接触的填料层内，任意截取一微分段，并以此为衡算系统，则由吸收质 A 的物料衡算可得：

$$dG_A = \frac{F_L}{\rho_L} dc_A \tag{3-49}$$

式中 F_L——液相摩尔流率，kmol/s；

ρ_L——液相摩尔密度，kmol/m³。

根据传质速率基本方程式，可写出该微分段的传质速率微分方程：

$$dG_A = K_L(c_A^* - c_A)aSdh \tag{3-50}$$

联立上两式可得：$dh = \frac{F_L}{K_L aS\rho_L} \times \frac{dc_A}{c_A^* - c_A}$ （3-51）

图 3-16 填料塔的物料衡算图

式中 a——气液两相接触的比表面积，m²/m³；

S——填料塔的横截面积，m²。

本实验采用水吸收二氧化碳与空气的混合物中的二氧化碳气体，且已知二氧化碳在常温常压下溶解度较小，因此，液相摩尔流率 F_L 和摩尔密度 ρ_L 的比值，亦即液相体积流率 V_{sL} 可视为定值，且设总传质系数 K_L 和两相接触比表面积 a，在整个填料层内为一定值，则按下列边值条件积分式（3-52），可得填料层高度的计算公式：

$h = 0$，$c_A = c_{A2}$；$h = h$，$c_A = c_{A1}$

$$h = \frac{V_{sL}}{K_L aS} \int_{c_{A2}}^{c_{A1}} \frac{dc_A}{c_A^* - c_A} \tag{3-52}$$

令 $H_L = \frac{V_{sL}}{K_L aS}$，且称 H_L 为液相传质单元高度（HTU）；

$N_L = \int_{c_{A2}}^{c_{A1}} \frac{dc_A}{c_A^* - c_A}$，且称 N_L 为液相传质单元数（NTU）。

因此，填料层高度为传质单元高度与传质单元数之乘积，即

$$h = H_L N_L \tag{3-53}$$

若气液平衡关系遵循亨利定律，即平衡曲线为直线，则式（3-53）为可用解析法解得填料层高度的计算式，亦即可采用下列平均推动力法计算填料层的高度或液相传质单元高度：

$$h = \frac{V_{sL}}{K_L a S} \times \frac{c_{A1} - c_{A2}}{\Delta c_{Am}} \tag{3-54}$$

$$N_L = \frac{h}{H_L} = \frac{h}{V_{sL}/K_L a S} \tag{3-55}$$

式中 Δc_{Am} 为液相平均推动力,即

$$\Delta c_{Am} = \frac{\Delta c_{A1} - \Delta c_{A2}}{\ln \frac{\Delta c_{A1}}{\Delta c_{A2}}} = \frac{(c_{A1}^* - c_{A1}) - (c_{A2}^* - c_{A2})}{\ln \frac{c_{A1}^* - c_{A1}}{c_{A2}^* - c_{A2}}} \tag{3-56}$$

其中:$c_{A1}^* = H p_{A1} = H y_1 p_0$,$c_{A2}^* = H p_{A2} = H y_2 p_0$,$p_0$ 为大气压。

二氧化碳的溶解度常数:

$$H = \frac{\rho_w}{M_w} \times \frac{1}{E} \tag{3-57}$$

式中 ρ_w ——水的密度,kg/m³;

M_w ——水的千摩尔质量,kg/kmol;

E ——二氧化碳在水中的亨利系数,Pa。

因本实验采用的物系不仅遵循亨利定律,而且气膜阻力可以不计,在此情况下,整个传质过程阻力都集中于液膜,即属液膜控制过程,则液侧体积传质膜系数等于液相体积传质总系数,亦即

$$k_L a = K_L a = \frac{V_{sL}}{h S} \times \frac{c_{A1} - c_{A2}}{\Delta c_{Am}} \tag{3-58}$$

四、实验装置

1. 实验装置主要技术参数

见表 3-5。

表 3-5 吸收实验装置主要设备、型号及结构参数

序号	位号	名称	规格、型号
1		填料吸收塔	Φ76mm×3.5mm,填料塔高度 1.2m,陶瓷拉西环填料,比表面积 $\sigma=440$m²/m³
2		填料解吸塔	Φ76mm×3.5mm,填料塔高度 1.2m,不锈钢鲍尔环填料,比表面积 $\sigma=480$m²/m³
3		水箱 1	长 500mm×宽 370mm×高 580mm
4		水箱 2	长 500mm×宽 370mm×高 580mm
5		离心泵 1	WB50/025
6		离心泵 2	WB50/025
7		气泵	ACO-818
8		旋涡气泵	XGB-12
9	F1	转子流量计	LZB-6;0.06~0.6Nm³/h
10	F2	转子流量计	LZB-10;0.25~2.5Nm³/h
11	F3	转子流量计	LZB-15;40~400L/h 水

续表

序号	位号	名 称	规格、型号
12	F4	转子流量计	LZB-15;40~400L/h 水
13	F5	转子流量计	LZB-40;4~40Nm³/h
14	T1	混合气体温度	PT100、温度传感器、远传显示
15		混合气体温度测量仪表	AI501 数显仪表
16	T2	吸收液体温度	PT100、温度传感器、远传显示
17		吸收液体温度测量仪表	AI501 数显仪表
18	T3	解吸气体温度	PT100、温度传感器、远传显示
19		解吸气体温度测量仪表	AI501 数显仪表
20	T4	解吸气体温度	PT100、温度传感器、远传显示
21		解吸气体温度测量仪表	AI501 数显仪表
22	P1	吸收塔压差	U 形管压差计
23	P2	解吸塔压差	U 形管压差计
24	V1~V16	不锈钢阀门	球阀、针形阀和闸板阀

2. 二氧化碳吸收与解吸实验装置流程示意图

见图 3-17。

图 3-17 二氧化碳吸收与解吸实验装置流程示意图

3. 实验仪表面板图

见图 3-18。

图 3-18 实验装置面板图

五、实验方法及步骤

1. 实验前准备工作

首先将水箱 1 和水箱 2 灌满蒸馏水或去离子水，接通实验装置电源并按下总电源开关。

准备好 10mL 移液管、100mL 的三角瓶、酸式滴定管、洗耳球、0.1mol/L 左右的盐酸标准溶液、0.1mol/L 左右的 $Ba(OH)_2$ 标准溶液和甲基红等化学分析仪器和试剂备用。

2. 测量解吸塔干填料层 $\left(\dfrac{\Delta p}{Z}\right)$-$u$ 关系曲线

打开空气旁路调节阀 V16 至全开，启动旋涡气泵。打开空气流量计 F5 下的阀门 V15，逐渐关小阀门 V16 的开度，调节进塔的空气流量。稳定后读取解吸塔 P2 填料层压降 ΔP（即 U 形管液柱压差计的数值），然后改变空气流量，空气流量从小到大共测定 6~10 组数据。在对实验数据进行分析处理后，在对数坐标纸上以空塔气速 u 为横坐标，单位高度的压降 $\dfrac{\Delta P}{Z}$ 为纵坐标，标绘干填料层 $\left(\dfrac{\Delta p}{Z}\right)$-$u$ 关系曲线。

3. 测量解吸塔在不同喷淋量下填料层 $\left(\dfrac{\Delta p}{Z}\right)$-$u$ 关系曲线

启动离心泵 2 将 F3 流量计的水流量固定在 140L/h 左右（水流量大小可因设备调整），采用上面相同步骤调节空气流量，稳定后分别读取并记录填料层压降 ΔP、转子流量计读数和流量计处所显示的空气温度，操作中随时注意观察塔内现象，一旦出现液泛，立即记下对应空气转子流量计读数。根据实验数据在对数坐标纸上标出液体喷淋量为 140L/h 时的 $\left(\dfrac{\Delta p}{Z}\right)$-$u$ 关系曲线,并在图上确定液泛气速,与观察到的液泛气速相比较是否吻合。

4. 二氧化碳吸收传质系数测定

(1) 关闭离心泵 2 的出口阀 V6,启动离心泵 2,关闭空气转子流量计 F2,二氧化碳转子流量计 F1 与钢瓶连接。

(2) 打开吸收液转子流量计 F4,调节到 100L/h,待有水从吸收塔顶喷淋而下,从吸收塔底的 π 形管尾部流出后,启动气泵,调节转子流量计 F2 到指定流量,同时打开二氧化碳钢瓶调节减压阀,调节二氧化碳转子流量计 F1,按二氧化碳与空气的比例为 10%～20% 计算出二氧化碳的空气流量。

(3) 吸收进行 15min 并操作达到稳定状态之后,测量塔底吸收液的温度,同时在塔顶和塔底取液相样品并测定吸收塔顶、塔底溶液中二氧化碳的含量。

(4) 溶液二氧化碳含量测定:用移液管吸取 0.1mol/L 左右的 $Ba(OH)_2$ 标准溶液 10mL,放入三角瓶中,并从取样口处接收塔底溶液 10mL,用胶塞塞好振荡。溶液中加入 2～3 滴甲基红(或酚酞)指示剂摇匀,用 0.1mol/L 左右的盐酸标准溶液滴定到粉红色消失即为终点。

按下式计算得出溶液中二氧化碳浓度:

$$c_{CO_2} = \dfrac{2c_{Ba(OH)_2}V_{Ba(OH)_2} - c_{HCl}V_{HCl}}{2V_{溶液}}$$

式中　c_{CO_2}——溶液中 CO_2 浓度,mol/L;

　　　$c_{Ba(OH)_2}$——溶液中 $Ba(OH)_2$ 浓度,mol/L;

　　　$V_{Ba(OH)_2}$——溶液中 $Ba(OH)_2$ 体积,L;

　　　c_{HCl}——溶液中 HCl 浓度,mol/L;

　　　V_{HCl}——溶液中 HCl 体积,L;

　　　$V_{溶液}$——溶液的总体积,L。

六、实验注意事项

1. 开启 CO_2 总阀门前,要先关闭减压阀,阀门开度不宜过大。

2. 实验中要注意保持吸收塔水流量计 F4 和解吸塔水流量计 F3 数值一致,并随时关注水箱中的液位。两个流量计要及时调节,以保证实验时操作条件不变。

3. 分析 CO_2 浓度操作时动作要迅速,以免 CO_2 从液体中溢出导致结果不准确。

七、思考题

1. 测定填料塔的 $\Delta P/Z$-u 曲线有何实际意义?

2. 综合氨吸收、CO_2 吸收-解吸的实验数据进行分析,你认为水吸收空气中的氨、水吸收空气中的 CO_2,属于气膜还是液膜控制?

3. 气体温度与吸收剂温度不同时,应按哪个温度计算相平衡常数?

4. 当进气浓度不变时,欲提高溶液出口浓度,可采取哪些措施?

实验6　干燥速率曲线的测定

一、实验目的

1. 掌握干燥曲线和干燥速率曲线的测定方法。
2. 学习物料含水量的测定方法。
3. 加深对物料临界含水量 X_c 的概念及其影响因素的理解。
4. 学习恒速干燥阶段物料与空气之间对流传热系数的测定方法。

二、实验内容

1. 每组在某固定的空气流量和某固定的空气温度下测量一种物料干燥曲线、干燥速率曲线和临界含水量。
2. 测定恒速干燥阶段物料与空气之间对流传热系数。

三、实验原理

当湿物料与干燥介质相接触时，物料表面的水分开始汽化，并向周围介质传递。根据干燥过程中不同期间的特点，干燥过程可分为两个阶段。

第一个阶段为恒速干燥阶段。在过程开始时，由于整个物料的湿含量较大，其内部的水分能迅速地达到物料表面。因此，干燥速率为物料表面上水分的汽化速率所控制，故此阶段亦称为表面汽化控制阶段。在此阶段，干燥介质传给物料的热量全部用于水分的汽化，物料表面的温度维持恒定（等于热空气湿球温度），物料表面处的水蒸气分压也维持恒定，故干燥速率恒定不变。

第二个阶段为降速干燥阶段，当物料被干燥达到临界湿含量后，便进入降速干燥阶段。此时，物料中所含水分较少，水分自物料内部向表面传递的速率低于物料表面水分的汽化速率，干燥速率为水分在物料内部的传递速率所控制。故此阶段亦称为内部迁移控制阶段。随着物料湿含量逐渐减少，物料内部水分的迁移速率也逐渐减少，故干燥速率不断下降。

恒速段的干燥速率和临界含水量的影响因素主要有：固体物料的种类和性质，固体物料层的厚度或颗粒大小，空气的温度、湿度和流速，空气与固体物料间的相对运动方式。

恒速段的干燥速率和临界含水量是干燥过程研究和干燥器设计的重要数据。本实验在恒定干燥条件下对帆布物料进行干燥，测定干燥曲线和干燥速率曲线，目的是掌握恒速段干燥速率和临界含水量的测定方法及其影响因素。

1. 干燥速率的测定

$$U = \frac{dW'}{S d\tau} \approx \frac{\Delta W'}{S \Delta \tau} \tag{3-59}$$

式中　U——干燥速率，$kg/(m^2 \cdot h)$；
　　　S——干燥面积，m^2；

$\Delta \tau$——时间间隔，h；

$\Delta W'$——$\Delta \tau$ 时间间隔内干燥汽化的水分量，kg。

2. 物料干基含水量

$$X = \frac{G' - G'_c}{G'_c} \tag{3-60}$$

式中　X——物料干基含水量，kg/kg（绝干物料）；

　　　G'——固体湿物料的量，kg；

　　　G'_c——绝干物料量，kg。

3. 恒速干燥阶段，物料表面与空气之间对流传热系数的测定

$$U_c = \frac{dW'}{S d\tau} = \frac{dQ'}{r_{tw} S d\tau} = \frac{\alpha(t - t_w)}{r_{tw}} \tag{3-61}$$

$$\alpha = \frac{U_c \times r_{tw}}{t - t_w} \tag{3-62}$$

式中　α——恒速干燥阶段物料表面与空气之间的对流传热系数，W/(m² · ℃)；

　　　U_c——恒速干燥阶段的干燥速率，kg/(m² · h)；

　　　t_w——干燥器内空气的湿球温度，℃；

　　　t——干燥器内空气的干球温度，℃；

　　　r_{tw}——t_w 下水的汽化热，J/kg。

四、实验装置

洞道尺寸：长 1.10m，宽 0.190m，高 0.24m。

加热功率：500～2500W。

空气流量：1～5m³/min。

干燥温度：40～120℃。

称重传感器显示仪：量程 0～200g。

干球温度计、湿球温度计显示仪：量程 0～400℃。

孔板流量计处温度计显示仪：量程 0～400℃。

孔板流量计压差变送器和显示仪：量程 0～10kPa。

洞道式干燥器实验装置流程示意图见图 3-20。

洞道式干燥器实验装置仪表面板图见图 3-21。

五、操作方法

1. 将干燥物料（毛毡+帆布）放入水中浸湿（注：考虑到空气中有水分，实验前将物料烘干，并记录数据），将放湿球温度计纱布的烧杯装满水。

2. 调节送风机吸入口的空气进气阀 3 到全开的位置后启动风机。

3. 通过废气排出阀 1 和废气循环阀 2 调节空气到指定流量后，开启加热电源。在智能仪表中设定干球温度，仪表自动调节到指定的温度。

4. 在干球温度、流量稳定条件下，读取称重传感器测定支架的重量并记录下来。

图 3-19 洞道式干燥器实验装置流程示意图

1—废气排出阀；2—废气循环阀；3—空气进气阀；4—洞道干燥器；5—风机；6—干燥物料；
7—称重传感器；8—干球温度计；9—孔板流量计；10—湿球温度计；11—空气进口温度计；12—加热器

图 3-20 洞道式干燥器实验装置仪表面板图

5. 把充分浸湿的干燥物料（毛毡＋帆布）6 固定在称重传感器 7 上并与气流平行放置。

6. 在系统稳定状况下，记录干燥时间每隔 3min 时干燥物料减轻的重量，直至干燥物料的重量不再明显减轻为止。

7. 实验结束时，先关闭加热电源，待干球温度降至常温后关闭风机电源和总电源。一切复原。

六、数据处理

1. 根据实验结果绘制出干燥曲线、干燥速率曲线，并得出恒定干燥速率、临界含水量、平衡含水量。

2. 计算出恒速干燥阶段物料与空气之间对流传热系数。

七、结果讨论

试分析空气流量或温度对恒定干燥速率、临界含水量的影响。

八、注意事项

1. 称重传感器的量程为 0~200g，精度比较高，所以在放置干燥物料时务必轻拿轻放，以免损坏或降低称重传感器的灵敏度。

2. 当干燥器内有空气流过时才能开启加热装置，以避免干烧损坏加热器，本装置必须先开风机才能开加热开关。

3. 干燥物料要保证充分浸湿但不能有水滴滴下，否则将影响实验数据的准确性。

4. 实验进行中不要改变智能仪表的参数设置。

5. 安全原因，干球温度一般禁止超过 80℃。

九、思考题

1. 如果空气温度 t、t_w 不变，增大风速，干燥速率如何变化？

2. 比较不同组的实验数据，研究在不同的 t、t_w 及不同的空气流量下，临界含水量 X_C 有何不同？

3. 其他条件不变，湿物料最初的含水量大小对干燥速率曲线有何影响？为什么？

4. 湿物料的平衡水分 X^* 的数值大小受哪些因素的影响？

实验 7 液-液转盘萃取实验

一、实验目的

1. 直观展示转盘萃取塔的基本结构以及实现萃取操作的基本流程；观察萃取塔内桨叶在不同转速下，分散相液滴变化情况和流动状态。

2. 练习并掌握转盘萃取塔性能的测定方法。

二、实验内容

1. 固定两相流量，测定桨叶不同转速下萃取塔的传质单元数 N_{OG}、传质单元高度 H_{OG} 及总传质单元系数 K_{YE}。

2. 通过实际操作练习，探索强化萃取塔传质效率的方法。

三、实验原理

对于液体混合物的分离，除可采用蒸馏方法外，还可采用萃取方法，即在液体混合物

（原料液）中加入一种与其基本不相混溶的液体作为溶剂，利用原料液中的各组分在溶剂中溶解度的差异来分离液体混合物。选用的溶剂称为萃取剂，以字母 S 表示，原料液中易溶于 S 的组分称为溶质，以字母 A 表示，原料液中难溶于 S 的组分称为原溶剂或稀释剂，以字母 B 表示。

萃取操作一般是将一定量的萃取剂和原料液同时加入萃取器中，在外力作用下充分混合，溶质通过相界面由原料液向萃取剂中扩散。两液相由于密度差而分层。一层以萃取剂 S 为主，溶有较多溶质，称为萃取相，用字母 E 表示，另一层以原溶剂 B 为主，且含有未被萃取完的溶质，称为萃余相，以 R 表示。萃取操作并未把原料液全部分离，而是将原来的液体混合物分为具有不同溶质组成的萃取相 E 和萃余相 R。通常萃取过程中一个液相为连续相，另一个液相以液滴的形式分散在连续的液相中，称为分散相。液滴表面积即为两相接触的传质面积。

本实验操作中，以水为萃取剂，从煤油中萃取苯甲酸。所以，水相为萃取相（又称为连续相、重相），用字母 E 表示；煤油相为萃余相（又称为分散相、轻相）用字母 R 表示。萃取过程中，苯甲酸部分地从萃余相转移至萃取相。

四、实验装置基本情况

1. 实验装置流程示意图

如图 3-21 所示。

本塔为桨叶式旋转萃取塔，塔身采用硬质硼硅酸盐玻璃管，塔顶和塔底玻璃管端扩口处，通过增强酚醛压塑法兰、橡皮圈、橡胶垫片与不锈钢法兰连接，密封性能好。塔内设有 16 个环形隔板，将塔身分为 15 段。相邻两隔板间距 40mm，每段中部位置设有在同轴上安装的由 3 片桨叶组成的搅动装置。搅拌转动轴底端装有轴承，顶端经轴承穿出塔外与安装在塔顶上的电机主轴相连。电动机为直流电动机，通过调压变压器改变电机电枢电压的方法做无级变速。操作时的转速控制由指示仪表给出相应的电压值来控制。塔下部和上部轻重两相的入口管分别在塔内向上或向下延伸约 200mm，分别形成两个分离段，轻重两相将在分离段内分离。萃取塔的有效高度 H，则为轻相入口管管口到两相界面之间的距离。

本实验以水为萃取剂，从煤油中萃取苯甲酸。水相为萃取相（用字母 E 表示，本实验又称连续相、重相）。煤油相为萃余相（用字母 R 表示，本实验中又称分散相、轻相）。轻相入口处，苯甲酸在煤油中的浓度应保持在 $0.0015 \sim 0.0020 \text{kg/kg}$ 之间为宜。轻相由塔底进入，作为分散相向上流动，经塔顶分离段分离后由塔顶流出；重相由塔顶进入作为连续相向下流动至塔底经 π 形管流出；轻重两相在塔内呈逆向流动。在萃取过程中，苯甲酸部分地从萃余相转移至萃取相。萃取相及萃余相进出口浓度由容量分析法测定。考虑水与煤油是完全不互溶的，且苯甲酸在两相中的浓度都很低，可认为在萃取过程中两相液体的体积流量不发生变化。

2. 实验装置主要技术参数

萃取塔的几何尺寸：塔径 $D = 37\text{mm}$，塔身高度 $= 1000\text{mm}$，萃取塔有效高度 $H = 750\text{mm}$。

水泵、油泵：岳华牌不锈钢泵，型号 WD50/025，电压 380V，功率 250W，扬

图 3-21 萃取塔实验装置流程示意图

1—π形管；2—电机；3—萃取塔；4—煤油放液阀，5—煤油泵；6,18—取样阀；7—煤油箱；8,13,17—球形阀；9,14—流量调节阀；10,15—回路调节阀；11—排空阀；12—煤油回收箱；16—水箱；19—水排液阀；20—水泵；21—阀门

程 10.5m。

转子流量计：采用不锈钢材质，型号 LZB-4，流量 1~10L/h，精度 1.5 级。

无级调速器：调速范围 0~800r/min，调速平稳。

3. 实验装置仪表面板图

见图 3-22。

五、实验方法及步骤

1. 首先在水箱内放满水，在最左边的储槽内放满配制好的轻相入口煤油，分别开动水相和煤油相送液泵的开关，打开两相回流阀，使其循环流动。

2. 全开水转子流量计调节阀，将重相（连续相）送入塔内。当塔内水面逐渐上升到重相入口与轻相出口之间的中点时，将水流量调至指定值（约 4L/h），并缓慢改变 π 形管高度，使塔内液位稳定在重相入口与轻相出口之间中点左右的位置上。

图 3-22　实验设备面板示意图

3. 将调速装置的旋钮调至零位接通电源，开动电机固定转速。调速时要缓慢升速。

4. 将轻相（分散相）流量调至指定值（约 6L/h），并注意及时调节 π 形管高度。在实验过程中，始终保持塔顶分离段两相的相界面位于重相入口与轻相出口之间中点左右。

5. 操作过程中，要绝对避免塔顶的两相界面过高或过低。若两相界面过高，到达轻相出口的高度，则将会导致重相混入轻相储罐。

6. 维持操作稳定半小时后，用锥形瓶收集轻相进、出口样品各约 50mL，重相出口样品约 100mL，准备分析浓度使用。

7. 取样后，改变桨叶转速，其他条件维持不变，进行第二个实验点的测试。

8. 用容量分析法分析样品浓度。具体方法如下：用移液管分别取煤油相 10mL，水相 25mL 样品，以酚酞做指示剂，用 0.01mol/L 左右 NaOH 标准液滴定样品中的苯甲酸。在滴定煤油相时应在样品中加 10mL 纯净水，滴定中激烈摇动至终点。

9. 实验完毕后，关闭两相流量计。将调速器调至零位，使搅拌轴停止转动，切断电源。滴定分析过的煤油应集中存放回收。洗净分析仪器，一切复原，注意保持实验台面整洁。

六、实验操作注意事项

1. 调节桨叶转速时一定要小心谨慎，慢慢升速，千万不能增速过猛使马达产生"飞转"损坏设备。最高转速机械上可达 600r/min。从流体力学性能考虑，若转速太高，容易液泛，操作不稳定。对于煤油-水-苯甲酸物系，建议在 500r/min 以下操作。

2. 整个实验过程中，塔顶两相界面一定要控制在轻相出口和重相入口之间适中位置并保持不变。

3. 由于分散相和连续相在塔顶、塔底滞留量很大，改变操作条件后，稳定时间一定要足够长（约半小时），否则误差会比较大。

4. 煤油的实际体积流量并不等于流量计指示的读数。需要用到煤油的实际流量数值时，必须用流量修正公式对流量计的读数进行修正后数据才准确。

5. 煤油流量不要太小或太大，太小会导致煤油出口的苯甲酸浓度过低，从而导致分析误差加大；太大会使煤油消耗量增加，经济上造成浪费。建议水流量控制在 4L/h 为宜。

七、思考题

1. 根据哪些因素对于一种液体混合物决定是采用蒸馏方法还是萃取方法进行分离？
2. 操作温度对萃取分离效果有何影响？如何选择萃取操作的温度？
3. 当萃余液含量一定时，溶质的分配系数对所需的溶剂量有何影响？
4. 增大溶剂比对萃取分离效果有何影响？有哪些不良影响？

第4章 化工原理演示及选修实验

实验 1 流体的流动状态——雷诺实验

一、实验目的

1. 了解管内流体质点的运动方式,认识不同流动形态的特点,掌握判别流型的准则。
2. 观察圆直管内流体作层流、过渡流、湍流的流动形态。观察流体层流流动的速度分布。

二、实验原理

经过大量的实验观察,1880年雷诺(Reynolds)发现流体在管道中流动时具有不同的流动状态。当流体的流速较低时,流体质点(微团)只沿管轴向流动,互不混合,称为层流(或滞流);当流体的流速较高时,流体质点不仅沿管轴向流动而且还有径向流动,即流体质点在管轴向流动的同时,还作复杂的不规则运动,相互混合碰撞,称为湍流(或紊流);界于层流和湍流之间的流动称为过渡流。各种流体流动状态如图 4-1 所示。

图 4-1 流体的流动状态

雷诺准数是判断流动形态的准数,若流体在圆管内流动,则雷诺准数可用下式表示:

$$Re=\frac{du\rho}{\mu} \tag{4-1}$$

式中 d——管子内径，m；

u——流速，m/s；

ρ——流体密度，kg/m³；

μ——流体黏度，N·s/m²。

一般认为：$Re<2000$ 时，流动形态为滞流；$Re>4000$ 时，流动形态为湍流。Re 在两者之间有时为滞流，有时为湍流，和环境有关。

对于一定温度的流体在特定的圆管内流动，雷诺准数仅与流速有关，本实验是改变水在管内的流速，观察在不同雷诺数下流体流型的变化。

三、实验内容

1. 以红墨水为示踪剂，观察圆直玻璃管内水为工作流体时，流体作层流、过渡流、湍流时的各种流动形态。

2. 观察流体在圆直玻璃管内作层流流动的速度分布。

四、实验装置

演示装置如图 4-2 所示。流体流动状态演示仪器主要由储水槽、有色液体储瓶、水平圆形直管及转子流量计组成。

水自储水槽进入水平圆形直管，由管道的出口阀控制流量的大小。红墨水自储瓶引出注入管道中心轴线处。当调节阀门使管道中的流量从小到大变化时，就会出现红墨水在管道中呈现出如图 4-1 所示的三种状态。

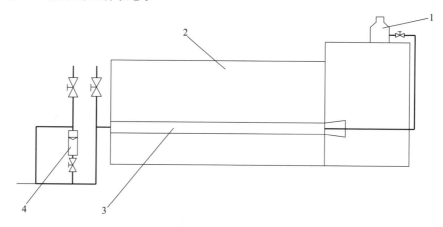

图 4-2 雷诺实验装置

1—有色液体储瓶；2—储水槽；3—水平圆形直管（有机玻璃）；4—转子流量计

五、实验步骤

1. 实验前的准备工作

（1）实验前应仔细调整示踪剂注入管的位置，使其处于实验管道的中心线上。

(2) 向红墨水储瓶中加入适量稀释过的红墨水,作为实验用的示踪剂。

(3) 关闭流量调节阀,打开进水阀,使水充满水槽并有一定的溢流,以保证水槽内的液位。

(4) 排除红墨水注入管中的气泡,使红墨水全部充满细管道中。

2. 雷诺实验过程

(1) 调节进水阀,维持尽可能小的溢流量。轻轻打开流量调节阀,让水缓慢流过实验管道。

(2) 缓慢且适量地打开红墨水流量调节阀,即可看到当前水流量下实验管内水的流动状况(层流流动如图4-1所示)。用体积法(秒表计量时间,量筒测量出水体积)可测得水的流量并计算出雷诺准数。因进水和溢流造成的震动,有时会使实验管道中的红墨水流束偏离管道中心线或发生不同程度的摆动,此时,可暂时关闭进水阀,过一会儿,即可看到红墨水流束会重新回到实验管道的中心线。

(3) 逐步增大进水阀和流量调节阀的开度,在维持尽可能小的溢流量的情况下提高实验管道中的水流量,观察实验管道内水的流动状况。同时,用体积法测定流量并计算出雷诺准数。

3. 流体在圆管内流动速度分布演示实验

首先将进口阀打开,关闭流量调节阀。打开红墨水流量调节阀,使少量红墨水流入不流动的实验管入口端。再突然打开流量调节阀,在实验管路中可以清晰地看到红墨水流动所形成的速度分布。

4. 实验结束时的操作

(1) 关闭红墨水流量调节阀。

(2) 关闭进水阀,使自来水停止流入水槽。

(3) 待实验管道冲洗干净,水中的红色消失时,关闭流量调节阀。

(4) 若日后较长时间不用,请将装置内各处的存水放净。

六、注意事项

作层流流动时,为了使层流状况能较快地形成,而且能够保持稳定。第一,水槽的溢流应尽可能小。因为溢流大时,上水的流量也大,上水和溢流两者造成的震动都比较大,影响实验结果。第二,应尽量不要人为地使实验装置产生任何震动。为减小震动,若条件允许,可对实验架进行固定。

七、思考题

1. 若红墨水注入管不设在实验管中心,能得到实验预期的结果吗?
2. 如何计算某一流量下的雷诺数?用雷诺数判别流型的标准是什么?
3. 层流和湍流的本质区别在于流体质点的运动方式不同,试述两者的运动方式。
4. 解释"层流内层"和"湍流主体"的概念。

八、数据记录

实验记录表见表4-1。

表 4-1　实验记录表（水温　　℃）

No.	流量/(mL/h)	流速/(m/s)	$Re \times 10^3$	现象
1				
2				
3				
4				
5				

实验 2　旋风分离器的演示实验

一、实验目的

观察旋风分离器分离气、固混合物的现象，了解旋风分离器的结构及工作原理。

二、实验原理

旋风分离器主体上部是圆桶形，下部是圆锥形，含尘气体从旋风分离器的进气管沿切线方向进入分离器内做旋转运动，尘粒受到离心力作用而被甩向器壁，再经圆锥筒落入灰斗。干净的气体则由中心上行自排气管排出，从而达到分离的目的。

三、实验装置

见图 4-3。

图 4-3　旋风分离器
1—加料斗；2—排气管；3—分离器；4—集尘斗；5—风机

四、实验步骤

1. 在加料斗中加入一些黑煤粉。合上风机电闸。
2. 慢慢打开处于风机上的风量控制阀，观察在不同风量下分离器内的外旋涡和内旋涡。

实验 3　塔板流体力学性能测定实验

一、实验目的及内容

1. 观察和分析塔板上气液两相接触情况，掌握塔板流体力学的一般规律。
2. 塔板的流体力学性能（单板压降、雾沫夹带量、泡沫层高度、清液层高度等）测定方法。
3. 了解筛板、浮阀、泡罩及舌形塔板的结构。

二、实验原理

板式塔在精馏和吸收操作中应用非常广泛，是一种重要的气液接触传质设备。塔板是板式塔的核心部件，它决定了塔的基本性能，为了有效地实现气、液两相之间的物质传递和热量传递，要求塔板具有以下两个条件：①必须创造良好的气液接触条件，形成较大的接触面积，而且接触面应不断更新，以增大传质、传热的推动力；②全塔总体上应保证气液逆流流动，避免返混和气液短路。

塔是靠自下而上的气体和自上而下的液体在塔板上流动时进行接触而达到传质和传热目的的，因此，塔板传质、传热性能的好坏主要取决于板上气、液两相的流体力学状态。

1. 塔板上的气液两相接触状况

当气体速度较低时，气液两相呈鼓泡接触状态，气体以气泡形态分散在清液层中，气、液两相在气泡表面进行传质。当气体速度较高时，气、液两相呈泡沫接触状态。

气液两相接触的过程中，随着气流速度的变化，大致有三种状态。

第一种情况：鼓泡接触状态。当气流速度很低时，气体通过筛孔是断裂成气泡在板上液层中浮升，这时形成的气液混合物基本上以液体为主，板上有明显的清液层，气液两相在气泡表面进行传质传热，气泡占的比例较少，气液接触面积不大，气泡表面的湍动程度也较少，故传质阻力较大。在鼓泡接触状态，液体为连续相，气体为分散相。

第二种情况：泡沫接触状态。随着气流速度的增大，板上产生的气泡数量急剧增加，气泡表面连成一片并不断发生破裂和合并，此时板上液体大部分以液膜形式存在于气泡之间，清液层变薄，气液两相的传质面积为很大的液膜。由于塔板上有这种高度湍动的泡沫层，从而为气液两相传质传热创造良好的流体力学条件。在泡沫接触状态，液体为连续相，气体为分散相。

第三种情况：喷射接触状态。当流速很高时，气体的动能很大，气体从筛孔喷出穿过液层，将塔板上的液体破碎成许多液滴并抛到塔板上方的空间，气液两相在液滴表面进行传质传热。在喷射接触状态下，气流速度很大，液体分散较好，对传质传热有利，但产生过量液沫夹带，会影响和破坏传质过程。在这种情况下，液体为分散相，气体为连续相。

2. 塔板的上不正常操作现象

（1）漏液现象　当塔板在气速很低下操作时，气体通过塔板为克服开孔处的液体表面张力，以及液层摩擦阻力所形成的压强降，不能抵消塔板上液层的重力，因此液体会穿过塔板上的开孔往下漏，即产生漏液现象。

波纹筛板是一种改进型的筛板，它在普通筛板的基础上采取了改进措施，将塔板压制成波纹状有助于防止漏液现象发生。

（2）过量液沫夹带　当塔内气速较大，气体将大量的液体带至上一层塔板上，引起浓度返混现象，而被带上的液体还是要通过降液管流回到下一层塔板上，从而增大了降液管的负荷，则降液管内的液位会不断升高，最后可能导致液泛。

（3）液泛现象　当塔板上液体量很大，上升气体速度很高，塔板压降很大，液体来不及从降液管向下流动，于是液体在塔板上不断积累，液层不断升高，使整个塔板空间都充满气液混合物，称液泛现象。液泛发生后完全破坏了气液的逆流操作，使塔失去分离效果。

在液泛开始时，塔内压力降急剧增大，效率急剧减小，最后导致全塔操作无法进行。

3. **筛板塔的流体力学性能**

（1）压强降　是板式塔一项重要流体力学性能，它关系到塔板上蒸汽分布，塔底操作压力的确定。特别对热敏性物料的减压精馏，塔板压降的大小往往是选择板型的主要依据。

（2）清液高度和泡沫高度　清液高度和泡沫高度直接关系到塔板的压降、雾沫夹带和泄漏。此外清液高度和泡沫高度代表液气的持留量，很大程度上决定气液的接触时间，是关系到传质效果的物理量。

（3）雾沫夹带　板上上升气流将下层塔板的部分液滴带至上一层塔板上称为雾沫夹带。雾沫夹带会降低传质效果。雾沫夹带量受气速、液体表面张力、板间距的影响。为保证一定的板效率，雾沫夹带控制在 0.1 kg 液/kg 汽以下。

三、实验流程

1. **实验装置与流程**

图 4-4　板式塔流体力学性能演示实验装置与流程

1—流量计；2—泡罩塔；3—浮阀塔；4—舌形塔；5—筛板塔；6—气液分离瓶；7—U 形管压差计；8—旋涡气泵；9—温度计；10—离心泵；11—孔板流量计 U 形管压差计；12—孔板流量计；V1，V2，V3，V4—进水阀；V5，V6，V7，V8—进气阀；V9，V10，V11，V12—下水阀；V13—空气旁路调节阀；V14—放气阀；V15，V18—放液阀；V16—水箱放液阀；V17—水旁路流量调节阀实验装置及流程如图 4-4 所示,空气由旋涡气泵经过孔板流量计计量后输送到每个板式塔塔底,液体则离心由泵经过转子流量计计量后由塔顶进入塔内并与空气进行接触,由塔底流回水箱内。

2. 设备主要技术参数

板式塔材料为有机玻璃,塔高 920mm;塔径 φ100mm×5.5mm;板间距 180mm。空气流量由孔板流量计测得,孔径 14mm。流量计处的体积流量 V_0 计算公式如下:

$$V_0 = C_0 A_0 \sqrt{\frac{2gR}{\rho}(\rho_A - \rho)} \tag{4-2}$$

式中 C_0——孔板流量计的流量系数,$C_0 = 0.67$;

A_0——常数,$\pi/4 \times d_0^2 = 0.1099$;

ρ——空气在 t_0 时的密度,1.2kg/m^3;

$\rho_A - \rho$——水密度减空气密度:1000kg/m^3;

R——U 形管压差,Pa。

水流量由流量计测量:测量范围 16~160L/h。

3. 实验设备的基本情况

板式塔由筛板、浮阀、泡罩、舌形塔组成。板式塔的气液负荷性能图见图 4-5。

图 4-5　板式塔的气液负荷性能图

$A \rightarrow B$ 为液沫夹带线　　空气流量　0.450~0.620m³/h;

$B \rightarrow D$ 为最大液相线　　液体流量　10L/h;

$C \rightarrow D$ 为漏液线　　　　空气流量　0.316m³/h;

$A \rightarrow C$ 为最小液相线　　液体流量　100L/h。

四、实验步骤

1. 首先向水槽内放入一定数量的蒸馏水,将空气流量调节阀放置开的位置,将离心泵流量调节阀关上。

2. 将所需要测定的塔阀门打开,关闭其他板式塔的阀门后启动旋涡气泵。可以改变不同空气流量分别测定四块塔板的干板压降。

3. 启动离心泵将转子流量计打开液体流量调到适当位置,分别改变空气、液体流量,用观察法测出不同塔板的压降并注意观察实验现象。

4. 测定其他板式塔,方法同前。

5. 实验结束时先关闭水流量,待塔内液体大部分流回到塔底时再关闭旋涡气泵。

五、注意事项

1. 为保护有机玻璃塔的透明度,实验用水必须采用蒸馏水。

2. 开车时先开旋涡气泵后开离心泵,停车反之,这样避免板式塔内的液体灌入风机中。

3. 实验过程中每改变空气流量或水流量时,流量计会因为流体的流动而上下波动,取中间数值为测取数据。

4. 若 U 形管压差计指示液面过高时将导压管取下,用洗耳球吸出指示液。

5. 水箱必须充满水,否则空气压力过大易走短路。

六、思考题

1. 在板式塔中气、液两相的传质面积是固定不变的吗?

2. 评价塔板性能的指标是什么?讨论筛板、浮阀、泡罩、舌形塔板等 4 种塔板各自的优缺点。

3. 由传质理论可知,流动过程中接触的两相湍动程度愈大,传质阻力就愈小,如何提高两相的湍动程度?湍动程度的提高受不受限制?

4. 定性分析一下液泛和哪些因素有关。

实验 4　喷雾干燥实验

一、实验目的

1. 了解喷雾干燥设备流程的基本组成及工艺特点、主要设备的结构及工作原理,掌握其实验装置的操作方法。

2. 通过喷雾干燥操作,充分体会其干燥速率快,干燥时间短,尤其适用于热敏物料的处理以及处理其他方法难于处理的低浓度溶液的特点。可以了解喷雾干燥的适用领域。

二、实验内容

选择适当物料进行干燥操作,将干燥物料配制成一定浓度的料浆,通过蠕动泵控制浆料在一定的进料量,在一定温度下使料浆在喷雾干燥室内干燥,得到粒径一定的固料。

三、实验原理

喷雾干燥器是将溶液、料浆或悬浮液通过喷雾器分散成雾状细滴,这些细滴与热气流以并流、逆流或混合流的方式相互接触,使物料间的水分瞬间脱水得到粉状或球状的颗粒。这种干燥方法不需要将原料预先进行机械分离,且干燥时间很短,因此特别适用于热敏性物料的干燥。料浆雾化是完成该操作的最基本条件,一般依靠喷雾器来完成,本实验采用气流式喷雾器,用高速气流使物料经过喷嘴成雾滴而喷出。干燥室(喷雾室)采用塔式。本实验流程是料浆用蠕动泵压至喷嘴,经喷嘴喷成雾滴而分散在热气流中,雾滴中的水分迅速汽化,成为微粒落至塔底,产品由风机吸至旋风分离器中而被回收。

四、实验装置基本情况

1. 实验设备主要技术参数

喷雾干燥器:塔式干燥器,主体不锈钢,带有玻璃视窗。

干燥器直径 D:Φ200mm×2.5mm,总高度 750mm。

喷雾器:气流式喷雾器,旋风分离器。

被干燥物料:选用洗衣粉,粒径 1.0~1.6mm。

空气流量测定: 转子流量计,LZB-40,6~60m^3/h。

风机:采用旋涡式气泵,型号 XGB-12。

数字温度显示仪:宇电 501 519,规格 0~550℃。

空气预热器:7.5kW。

蠕动泵:BT100-2J。

2. 实验装置流程图、面板图

如图 4-6、图 4-7 所示。

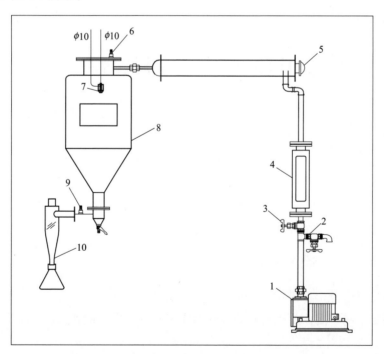

图 4-6 喷雾干燥实验装置流程图

1—风机;2—空气旁路调节阀;3—空气流量调节阀;4—空气转子流量计;5—空气换热器;
6—空气进口测温计;7—喷雾器;8—干燥室;9—空气出口测温计;10—旋风分离器

图 4-7 实验装置面板图

五、实验操作方法及步骤

1. 接通电源，利用进料泵先通入清水，查看喷头出水是否顺畅。

2. 启动风机，调节空气流量在 40m³/h 左右，打开加热开关，调节干燥器内温度为 250℃。

3. 启动空气压缩机进行空气压缩至一定压力后备用。当温度逐渐升高时保持持续进水，进水量为泵表显示在 5~10mL/min 之间为宜，这样做的目的是防止进料管温度过高时进料，料液瞬时汽化会反喷出来。

4. 当干燥室空气进口温度达到 250℃ 左右时即可开始进物料，进料量控制在进料泵表显示的 7~15mL/min 之间。同时打开压缩机的放气阀门，释放压缩到位的气体进入喷头使料浆喷出雾化，并瞬时蒸发掉水分形成细小的粉粒，由旋风分离器分离出来回收在锥形瓶中。延续此干燥过程，观察干燥塔内物料的干燥状况。

5. 实验结束，先将空气加热电压调至零再关闭加热开关，将进料浆换成进清水，再持续进水 5min 后关闭进料泵，其目的是洗净进料管中残留的物料，防止其凝结堵塞喷嘴。

6. 当干燥器表面已经冷却时，启动进料泵大量通入净水（可达到进料泵表显示最大值 100mL/min），同时通入压缩气体，使水雾化并凝结在干燥器上形成水流，以此对干燥器进行反复清洗，同时开启干燥器底端的放空阀排掉污水。

六、实验注意事项

1. 要先启动风机通入空气之后再开启加热，防止干烧出现问题。
2. 配制好实验用浆料后要进行过滤，避免物料颗粒过大堵塞喷嘴。
3. 实验结束时要先停止加热再关闭风机，其目的是防止干烧。

七、实验数据处理举例

实验操作条件及数据记录见表 4-2。

表 4-2 实验操作条件及数据记录

时间 /min	干燥器内温度 /℃	干燥器出口温度 /℃	料液进料量 /(mL/min)	风机流量 /(m³/h)
5	250	189	38	40
10	240	188	38	40
15	235	190	38	40
20	240	187	38	40

第 5 章 化工原理仿真实验

5.1 化工原理仿真实验室功能介绍

化工原理仿真实验室（图 5-1）仿真软件是利用动态数学模型实时模拟真实实验现象和过程，通过 3D 仿真实验装置交互式操作，产生和真实实验一致的实验现象和结果。每位学生都能亲自动手做实验，观察实验现象，记录实验数据，达到验证公式和原理的目的。能够体现化工实验步骤和数据梳理等基本实验过程，满足工艺操作要求，满足流程操作训练要求，能够安全、长周期运行。

(a) 流体流动综合实验装置

(b) 精馏实验装置

(c) 传热实验装置

(d) 吸收实验装置

图 5-1 化工原理仿真实验室

5.1.1 基本操作

（1）人物控制　W（前）、S（后）、A（左）、D（右）（图 5-2），鼠标右键（视角旋转）。

图 5-2　人物控制键盘

（2）进入主场景后，可进入相应实验室，如流体力学实验室，完成实验的全部操作，进入实验室后可回到主场景中。

（3）拉近镜头　鼠标左键双击设备进行操作。

（4）开关阀门或者其他电源键或者泵开启键为鼠标左键单击操作。

5.1.2 菜单键功能说明

进入相应实验室后，上方菜单键功能说明（图 5-3）。

图 5-3　菜单键

【实验介绍】　介绍实验的基本情况，如实验目的及内容、实验原理、实验装置基本情况、实验方法及步骤和实验注意事项等。

【文件管理】　可建立数据的存储文件名，并设置为当前记录文件（图 5-4）。

图 5-4　文件管理页面

操作方法：可新建记录文件，点击下方"新建"按钮，可以修改新建文件名称，并设置为当前记录文件，点击"保存"。

【记录数据】 实现数据记录功能，并能对记录数据进行处理。记录数据后，对于想要进行数据处理的记录数据选中前面的勾选，然后单击数据处理即可生产对应的数据（图5-5）。

图5-5 记录数据页面

操作方法如下：

（1）点击【记录数据】工具框，弹出"数据记录"窗口，在数据记录窗口中选择下方"记录数据"按钮，弹出记录数据框，在此将测得的数据填入。

（2）数据记录后，勾选要进行计算处理的数据（若想处理所有数据，将下方的全选勾选即可），选中数据后，点击"处理"按钮，就会将记录的数据计算出结果。

（3）如若数据记录错误，将该组数据勾选，点击"删除选中"，即可删除选中的错误数据。

（4）数据处理后，若想保存，点击"保存"按钮，然后关闭窗口。

【查看图表】 根据记录的实验表格可以生成目标表格，并可插入到实验报告中（图5-6）。

图5-6 查看图表页面

【设备分类】 对设备进行分类，单击类别能迅速定位到目标。
【系统设置】 可设置标签、声音、环境光。
【打印报告】 仿真软件可生成打印报告作为预习报告提交给实验老师（图 5-7）。

图 5-7　打印报告页面

【退出】 点击退出实验（图 5-8）。

5.1.3　详细说明

1. 数值显示表

该类表为显示表，没有任何操作，直接显示对应数值（图 5-9）。

图 5-8　退出页面

图 5-9　数值显示表

2. 设定仪表

仪表上行 PV 值为显示值，下行 SV 值为设定值（图 5-10）。

图 5-10　设定仪表

按一下控制仪表的 ⓞ 键，在仪表的 SV 显示窗中出现一闪烁数字，每按一次 ◁ 键，闪烁数字便向左移动一位，哪个位子数字闪烁就可以利用 △、▽ 键调节相应位子的数值，调好后重按 ⓞ 确认，并按所设定的数值应用。

3. 多值显示仪表

该类仪表可以读取多个显示数值，上行显示为数值，下行为代表序号。如图 5-11 所示：光滑管空气入口温度对应代表序号为 1，强化管空气入口温度代表序号为 3。

图 5-11 多值显示仪表

仪表操作说明：按一下控制仪表的 △ 键，代表序号加 1，上行数据也会跟随变化为对应代表数值，按一下控制仪表的 ▽ 键，代表序号变为最后序号，依次循环。

4. 回流比控制仪表

设定回流比，前两位为回流时间，后两位为采出时间。设定方法同设定仪表操作方法一样（图 5-12）。

图 5-12 设定回流比

5. 调速器

设定搅拌器电压（图 5-13）。

图 5-13 调速器设定

按下调速器开关 ▭ 后，点 ⓞ 旋转按钮。

5.2　化工原理仿真实验

实验 1　流动过程综合实验仿真

一、实验目的

1. 学习直管摩擦阻力 Δp_f、直管摩擦系数 λ 的测定方法。
2. 掌握直管摩擦系数 λ 与雷诺数 Re 和相对粗糙度之间的关系及其变化规律。
3. 掌握局部摩擦阻力 $\Delta p_f'$、局部阻力系数 ζ 的测定方法。
4. 学习压强差的几种测量方法和提高其测量精确度的一些技巧。
5. 熟悉离心泵的操作方法。
6. 掌握离心泵特性曲线和管路特性曲线的测定方法、表示方法，加深对离心泵性能的了解。

二、实验内容

1. 测定实验管路内流体流动的阻力和直管摩擦系数 λ。
2. 测定实验管路内流体流动的直管摩擦系数 λ 与雷诺数 Re 和相对粗糙度之间的关系曲线。
3. 测定管路部件局部摩擦阻力 Δp_f 和局部阻力系数 ζ。
4. 熟悉离心泵的结构与操作方法。
5. 测定某型号离心泵在一定转速下的特性曲线。
6. 测定流量调节阀某一开度下管路特性曲线。

三、实验原理

1. 直管摩擦系数 λ 与雷诺数 Re 的测定

直管的摩擦阻力系数是雷诺数和相对粗糙度的函数，即 $\lambda = f(Re, \varepsilon/d)$，对一定的相对粗糙度而言，$\lambda = f(Re)$。

流体在一定长度等直径的水平圆管内流动时，其管路阻力引起的能量损失为：

$$h_f = \frac{p_1 - p_2}{\rho} = \frac{\Delta p_f}{\rho} \tag{5-1}$$

又因为摩擦阻力系数与阻力损失之间有如下关系（范宁公式）

$$h_f = \frac{\Delta p_f}{\rho} = \lambda \frac{l u^2}{2d} \tag{5-2}$$

整理式（5-1）和式（5-2）两式得 $\lambda = \dfrac{2d\Delta p_\mathrm{f}}{\rho l u^2}$ （5-3）

$$Re = \dfrac{du\rho}{\mu} \tag{5-4}$$

式中 d——管径，m；
Δp_f——直管阻力引起的压强降，Pa；
l——管长，m；
u——流速，m/s；
ρ——流体的密度，kg/m³；
μ——流体的黏度，N·s/m²。

在实验装置中，直管段管长 l 和管径 d 都已固定。若水温一定，则水的密度 ρ 和黏度 μ 也是定值。所以本实验实质上是测定直管段流体阻力引起的压强降 Δp_f 与流速 u（流量 V）之间的关系。

根据实验数据和式（5-3）可计算出不同流速下的直管摩擦系数 λ，用式（5-4）计算对应的 Re，整理出直管摩擦系数和雷诺数的关系，绘出 λ 与 Re 的关系曲线。

2. 局部阻力系数 t_0 的测定

$$h'_\mathrm{f} = \dfrac{\Delta p'_\mathrm{f}}{\rho} = \zeta \dfrac{u^2}{2} \qquad \zeta = \dfrac{2\Delta p'_\mathrm{f}}{\rho u^2}$$

式中 ζ——局部阻力系数，无因次；
$\Delta p'_\mathrm{f}$——局部阻力引起的压强降，Pa；
h'_f——局部阻力引起的能量损失，J/kg。

图 5-14　局部阻力测量取压口布置图

局部阻力引起的压强降 $\Delta p'_\mathrm{f}$ 可用下面方法测量：在一条各处直径相等的直管段上，安装待测局部阻力的阀门，在上、下游各开两对测压口 a-a' 和 b-b'（图 5-14），使 $ab = bc$；$a'b' = b'c'$，则 $\Delta p_{\mathrm{f},ab} = \Delta p_{\mathrm{f},bc}$；$\Delta p_{\mathrm{f},a'b'} = \Delta p_{\mathrm{f},b'c'}$

在 $a \sim a'$ 之间列伯努利方程式 $p_a - p_{a'} = 2\Delta p_{\mathrm{f},ab} + 2\Delta p_{\mathrm{f},a'b'} + \Delta p'_\mathrm{f}$ （5-5）

在 $b \sim b'$ 之间列伯努利方程式：$p_b - p_{b'} = \Delta p_{\mathrm{f},bc} + \Delta p_{\mathrm{f},b'c'} + \Delta p'_\mathrm{f}$
$= \Delta p_{\mathrm{f},ab} + \Delta p_{\mathrm{f},a'b'} + \Delta p'_\mathrm{f}$ （5-6）

联立式（5-5）和式（5-6），则：$\Delta p'_\mathrm{f} = 2(p_b - p_{b'}) - (p_a - p_{a'})$

为了实验方便，称 $(p_b - p_{b'})$ 为近点压差，称 $(p_a - p_{a'})$ 为远点压差。其数值用差压传感器来测量。

3. 离心泵特性曲线

离心泵是最常见的液体输送设备。在一定的型号和转速下，离心泵的扬程 H、轴功率

N 及效率 η 均随流量 Q 而改变。通常通过实验测出 $H\text{-}Q$、$N\text{-}Q$ 及 $\eta\text{-}Q$ 关系，并用曲线表示之，称为特性曲线。特性曲线是确定泵的适宜操作条件和选用泵的重要依据。泵特性曲线的具体测定方法如下。

（1） H 的测定

在泵的吸入口和排出口之间列伯努利方程

$$Z_入 + \frac{p_入}{\rho g} + \frac{u_入^2}{2g} + H = Z_出 + \frac{p_出}{\rho g} + \frac{u_出^2}{2g} + H_{f入-出} \tag{5-7}$$

$$H = (Z_出 - Z_入) + \frac{p_出 - p_入}{\rho g} + \frac{u_出^2 - u_入^2}{2g} + H_{f入-出} \tag{5-8}$$

上式中 $H_{f入-出}$ 是泵的吸入口和压出口之间管路内的流体流动阻力，与伯努利方程中其它项比较，$H_{f入-出}$ 值很小，故可忽略。于是上式变为：

$$H = (Z_出 - Z_入) + \frac{p_出 - p_入}{\rho g} + \frac{u_出^2 - u_入^2}{2g} \tag{5-9}$$

将测得的 $(Z_出 - Z_入)$ 和 $p_出 - p_入$ 值以及计算所得的 $u_入$、$u_出$ 代入上式，即可求得 H。

（2） N 测定

功率表测得的功率为电动机的输入功率。由于泵由电动机直接带动，传动效率可视为1，所以电动机的输出功率等于泵的轴功率。即：

泵的轴功率 N＝电动机的输出功率，kW

电动机输出功率＝电动机输入功率×电动机效率。

泵的轴功率＝功率表读数×电动机效率，kW。

（3） η 测定

$$\eta = \frac{N_e}{N} \tag{5-10}$$

$$N_e = \frac{HQ\rho g}{1000} = \frac{HQ\rho}{102} \tag{5-11}$$

式中　η——泵的效率；

　　　N——泵的轴功率，kW；

　　　N_e——泵的有效功率，kW；

　　　H——泵的扬程，m；

　　　Q——泵的流量，m^3/s；

　　　ρ——水的密度，kg/m^3。

4. 管路特性曲线

当离心泵安装在特定的管路系统中工作时，实际的工作压头和流量不仅与离心泵本身的性能有关，还与管路特性有关，也就是说，在液体输送过程中，泵和管路二者相互制约。

管路特性曲线是指流体流经管路系统的流量与所需压头之间的关系。若将泵的特性曲线与管路特性曲线在同一坐标图上，两曲线交点即为泵的在该管路的工作点。因此，如同通过改变阀门开度来改变管路特性曲线，求出泵的特性曲线一样，可通过改变泵转速来改变泵的特性曲线，从而得出管路特性曲线。泵的扬程 H 计算同上。

5. 流量计性能测定

流体通过节流式流量计时在上、下游两取压口之间产生压强差，它与流量的关系为：

$$V_s = C_0 A_0 \sqrt{\frac{2(p_上 - p_下)}{\rho}} \tag{5-12}$$

式中　V_s——被测流体（水）的体积流量，m^3/s；

　　　C_0——流量系数，无因次；

　　　A_0——流量计节流孔截面积，m^2；

$p_上 - p_下$——流量计上、下游两取压口之间的压强差，Pa；

　　　ρ——被测流体（水）的密度，kg/m^3。

用涡轮流量计作为标准流量计来测量流量 V_s，每一个流量在压差计上都有一对应的读数，将压差计读数 Δp 和流量 V_s 绘制成一条曲线，即流量标定曲线。同时利用上式整理数据可进一步得到 C-Re 关系曲线

四、实验装置的基本情况

1. 实验装置流程图

见图 5-15。

图 5-15　流动过程综合实验流程示意图

1—水箱；2—水泵；3—入口真空表；4—出口压力表；5,16—缓冲罐顶阀；6,14—测局部阻力近端阀；
7,15—测局部阻力远端阀；8,17—粗糙管测压阀；9,21—光滑管测压阀；10—局部阻力阀；
11—压力传感器左阀；12—压力传感器；13—涡轮流量计；18,24—流量调节阀；
19—光滑管阀；20—粗糙管阀；22—小转子流量计；23—大转子流量计；25—水箱放水阀；
26—倒 U 形管放空阀；27—倒 U 形管；28,30—倒 U 形管排水阀；29,31—倒 U 形管进水阀

2. 实验装置流程简介

（1）流体阻力测量

水泵 2 将水箱 1 中的水抽出，送入实验系统，经小转子流量计 22、大转子流量计 23 测

量流量，然后送入被测直管段测量流体流动阻力，经回流管流回水箱 1。被测直管段流体流动阻力 Δp 可根据其数值大小分别采用压力传感器 12 或空气-水倒置 U 形管来测量。

（2）流量计、离心泵性能测定

水泵 2 将水箱 1 内的水输送到实验系统，流体经涡轮流量计 13 计量，用流量调节阀 18 调节流量，回到水箱。同时测量文丘里流量计两端的压差、离心泵进出口压强、离心泵电机输入功率并记录。

（3）管路特性测量

用流量调节阀 18 调节流量到某一位置，改变电机频率，测定涡轮流量计的频率、泵入口压强、泵出口压强并记录。

3. 实验装置仪表面板图

见图 5-16。

图 5-16　实验装置仪表面板图

其中，RUN/STOP 为泵的启停按钮。泵的频率设定方法为：泵启动的状态下，按下 < 按钮，面板上显示的数值会从最后一位开始闪烁，继续按下按钮，闪烁位数前移，如果想改变当前闪烁数值的值，按 ▲ 和 ▼ 改变数值大小，设定好后，按下 READ/ENTER，会自动调节至设定的数值。

4. 导压系统赶气操作说明

导压系统（图 5-17）赶气操作方法如下：

加大流量，打开 U 形管进水阀门 29、31，使倒置 U 形管内液体充分流动，以赶出管路内的气泡；若观察气泡已赶净，将流量调节阀 24 关闭，U 形管进出水阀 29、31 关闭，慢慢旋开倒置 U 形管上部的放空阀 26 后，分别缓慢打开阀门 28、30，使液柱降至中点上下时马上关闭，管内形成气-水柱，此时管内液柱高度差不一定为零。然后关闭放空阀 26，打开 U 形管进水阀 29、31，此时 U 形管两液柱的高度差应为零（1~2mm 的高度差可以忽略），如不为零则表明管路中仍有气泡存在，需要重复进行赶气泡操作。

图 5-17 导压系统示意图

12—压力传感器；26—倒 U 形管放空阀；27—倒 U 形管；28,30—倒 U 形管排水阀；29,31—倒 U 形管进水阀

五、实验方法及步骤

1. 光滑管流体阻力测定

（1）向水箱内注水至超过 50% 为止。

（2）打开电源，启动泵。

（3）打开光滑管路阀门 9、19、21，打开缓冲罐顶阀 5、16，打开流量调节阀 24。

（4）观察当缓冲罐有液位溢出时，关闭缓冲罐顶阀 5、16。管路赶气操作完成。

（5）关闭流量调节阀 24，打开通向倒置 U 形管的进水阀 29、31，检查导压管内是否有气泡存在。

（6）若倒置 U 形管内液柱高度差不为零，则表明导压管内存在气泡。需要进行赶气泡操作。

（7）小流量时用 U 形管压差计测量，大流量时用差压变送器测量。在最大流量和最小流量之间测取 15~20 组数据。注：在测大流量的压差时应关闭倒置 U 形管的进水阀 29、31，防止水利用 U 形管形成回路影响实验数据。

（8）待数据测量完毕，关闭流量调节阀，关闭光滑管路阀门 9、19、21，停泵，关闭电源。

2. 粗糙管流体阻力测定

（1）向水箱内注水至超过 50% 为止。

（2）打开电源，启动泵。

（3）打开光滑管路阀门 8、17、20，打开缓冲罐顶阀 5、16，打开流量调节阀 24。

（4）观察当缓冲罐有液位溢出时，关闭缓冲罐顶阀 5、16。管路赶气操作完成。

（5）关闭流量调节阀 24，打开通向倒置 U 形管的进水阀 29、31，检查导压管内是否有气泡存在。

（6）若倒置 U 形管内液柱高度差不为零，则表明导压管内存在气泡。需要进行赶气泡操作。

(7) 小流量时用 U 形管压差计测量,大流量时用差压变送器测量。在最大流量和最小流量之间测取 15~20 组数据。注:在测大流量的压差时应关闭倒置 U 形管的进水阀 29、31,防止水利用 U 形管形成回路影响实验数据。

(8) 待数据测量完毕,关闭流量调节阀,关闭光滑管路阀门 8、17、20,停泵,关闭电源。

3. 局部阻力测定

(1) 向水箱内注水至超过 50% 为止。

(2) 打开电源,启动泵。

(3) 打开局部阻力阀 10。

(4) 打开测局部阻力近端阀门 6、14,打开缓冲罐顶阀 5、16,打开流量调节阀 24。

(5) 观察当缓冲罐有液位溢出时,关闭缓冲罐顶阀 5、16。管路赶气操作完成。

(6) 调节流量计的大小,测量 10~15 组数据。

(7) 关闭测局部阻力近端阀门 6、14,打开测局部阻力远端阀门 7、15,调节流量计大小测量 10~15 组数据。

(8) 待数据测量完毕,关闭流量调节阀 24,关闭局部阻力阀 10。

(9) 关闭测局部阻力远端阀门 7、15,停泵,关闭电源。

4. 离心泵性能测定

(1) 向水箱内注水至超过 50% 为止。

(2) 检查流量调节阀 18,压力表 4 的开关及真空表 3 的开关是否关闭(应关闭)。

(3) 打开电源,启动离心泵,缓慢打开流量调节阀 18 至全开。

(4) 待系统内流体稳定,打开压力表和真空表的开关,方可测取数据。

(5) 用阀门 18 调节流量,从流量为零至最大或流量从最大到零,测取 10~15 组数据,记录涡轮流量计流量、泵入口压强、泵出口压强、功率表读数,并记录水温。

(6) 实验结束后,关闭流量调节阀 18,关闭压力表和真空表,停泵,关闭电源。

5. 管路特性曲线测定

(1) 向水箱内注水至超过 50% 为止。

(2) 打开电源,启动离心泵。

(3) 打开流量调节阀 18 至某一开度,调节离心泵电机频率(调节范围 20~50Hz),测取 8~10 组数据。

(4) 记录电机频率、泵入口压强、泵出口压强、流量计读数,并记录水温。

(5) 实验结束后,关闭流量调节阀 18,停泵,关闭电源。

6. 流量计性能测定

(1) 向水箱内注水至超过 50% 为止。

(2) 检查流量调节阀 18、压力表 4 的开关及真空表 3 的开关是否关闭(应关闭)。

(3) 打开电源,启动离心泵。

(4) 打开压力传感器左阀 11,缓慢打开流量调节阀 18 至全开。待系统内流体稳定,打开压力表和真空表的开关,方可测取数据。

(5) 用阀门 18 调节流量,从流量为零至最大或流量从最大到零,测取 10~15 组数据,同时记录涡轮流量计流量、文丘里流量计的压差,并记录水温。

(6) 实验结束后,关闭流量调节阀 18,关闭阀 11,关闭压力表和真空表,停泵,关闭电源。

六、数据处理

实验数据见表 5-1~表 5-6。

表 5-1　流体阻力实验数据记录(光滑管内径 8mm,管长 1.7m)

液体温度 16℃　液体密度 $\rho=998.46\text{kg/m}$　液体黏度 $\mu=1.15\times10^{-3}\text{Pa}\cdot\text{s}$

序号	流量 Q /(L/h)	直管压差 Δp /kPa	/mmH$_2$O	Δp /Pa	流速 u /(m/s)	Re	λ
1	1000	127.1		127100	5.53	38410	0.03918
2	900	105.3		105300	4.98	34590	0.04002
3	800	82.0		82000	4.42	30700	0.03956
4	700	64.5		64500	3.87	26880	0.04060
5	600	47.3		47300	3.32	23060	0.04045
6	500	33.9		33900	2.76	19170	0.04195
7	400	21.5		21500	2.21	15350	0.04149
8	300	13.5		13500	1.66	11530	0.04618
9	200	6.1		6100	1.11	7710	0.04667
10	100	2.3		2300	0.55	3820	0.07167
11	90		156	1528	0.50	3473	0.05761
12	80		123	1205	0.44	3056	0.05867
13	70		94	921	0.39	2709	0.05708
14	60		69	676	0.33	2292	0.05851
15	50		41	402	0.28	1920	0.04931
16	40		30	294	0.22	1536	0.05637
17	30		23	225	0.17	1152	0.07683
18	20		16	157	0.11	768	0.12026
19	10		8	78	0.06	384	0.24052

表 5-2　流体阻力实验数据记录(直管内径 10mm,管长 1.70m)

液体温度 16℃　液体密度 $\rho=998.46\text{kg/m}$　液体黏度 $\mu=1.15\times10^{-3}\text{Pa}\cdot\text{s}$

序号	流量 Q /(L/h)	直管压差 Δp /kPa	/mmH$_2$O	Δp /Pa	流速 u /(m/s)	Re	λ
1	900	162.4		162400	3.18	27610	0.189
2	800	134.2		134200	2.83	24571	0.197
3	700	109.8		109800	2.48	21532	0.210
4	600	82.8		82800	2.12	18406	0.217
5	500	61.0		61000	1.77	15368	0.229

续表

液体温度 16℃　液体密度 $\rho=998.46\text{kg/m}$　液体黏度 $\mu=1.15\times10^{-3}\text{Pa}\cdot\text{s}$

序号	流量 Q /(L/h)	直管压差 Δp /kPa	/mmH$_2$O	Δp /Pa	流速 u /(m/s)	Re	λ
6	400	39.4		39400	1.42	12329	0.230
7	300	23.9		23900	1.06	9203	0.251
8	200	11.5		11500	0.71	6164	0.269
9	100	5.1		5100	0.35	3039	0.491
10	90		305	2974	0.32	2778	0.342
11	80		251	2447	0.28	2431	0.368
12	70		192	1872	0.25	2171	0.353
13	60		144	1404	0.21	1823	0.375
14	50		113	1102	0.18	1563	0.401
15	40		77	751	0.14	1216	0.451
16	30		51	497	0.11	955	0.484
17	20		28	273	0.07	608	0.656
18	10		11	107	0.04	347	0.788

表 5-3　局部阻力实验数据表

序号	Q/(L/h)	近端压差 /kPa	远端压差 /kPa	u/(m/s)	局部阻力压差 /Pa	阻力系数 ζ
1	800	108.7	109.2	1.258	108200	137.3
2	600	61	61.4	0.944	60600	136.7
3	400	28.1	28.3	0.629	27900	141.6

表 5-4　离心泵性能测定实验数据记录

液体温度 35.4℃　液体密度 $\rho=993.52\text{kg/m}^3$　泵进出口高度 $=0.27\text{m}$

序号	入口压力 (p_1) /MPa	出口压力 (p_2) /MPa	电机功率 /kW	流量(Q) /(m^3/h)	压头(H) /m	泵轴功率(N) /W	η /%
1	0	0.042	0.74	10.59	4.6	444	29.684
2	0	0.086	0.77	9.82	9.1	462	52.338
3	0	0.105	0.76	8.98	11.0	456	58.884
4	0	0.122	0.73	8.23	12.7	438	65.057
5	0	0.138	0.72	7.35	14.4	432	66.469
6	0	0.152	0.71	6.51	15.8	426	65.645
7	0	0.164	0.69	5.63	17.0	414	62.950
8	0	0.179	0.64	4.72	18.6	384	62.020
9	0	0.19	0.59	3.85	19.7	354	58.198
10	0	0.198	0.54	2.95	20.5	324	50.746
11	0	0.207	0.48	1.94	21.4	288	39.227
12	0	0.221	0.42	0.86	22.8	252	21.201
13	0	0.228	0.4	0.00	23.6	240	0.000

表 5-5　离心泵管路特性曲线测定实验数据记录

液体温度 35.4℃　　液体密度 $\rho=993.52\text{kg/m}^3$　　泵进出口高度 $=0.27\text{m}$

序号	电机频率 /Hz	入口压力(p_1) /MPa	出口压力(p_2) /MPa	流量(Q) /(m³/h)	压头(H) /m
1	50	0	0.042	10.62	4.58
2	48	0	0.041	10.45	4.48
3	46	0	0.04	10.25	4.37
4	44	0	0.039	10.00	4.27
5	42	0	0.038	9.71	4.17
6	40	0	0.036	9.33	3.96
7	38	0	0.033	8.89	3.66
8	36	0	0.031	8.43	3.45
9	34	0	0.029	7.97	3.25
10	32	0	0.027	7.50	3.04
11	30	0	0.025	7.04	2.84
12	25	0	0.02	5.84	2.32
13	20	0	0.016	4.63	1.91
14	0	0	0	0.00	0.27

表 5-6　流量计性能测定实验数据记录

序号	文丘里流量计压差 /kPa	/Pa	流量(Q) /(m³/h)	流速(u) /(m/s)	Re	C_0
1	50.4	50400	10.59	2.027	79798	0.933
2	44.8	44800	9.82	1.879	73996	0.918
3	38.4	38400	8.98	1.719	67667	0.906
4	32.2	32200	8.23	1.575	62015	0.907
5	25.2	25200	7.35	1.407	55384	0.916
6	20	20000	6.51	1.246	49055	0.911
7	15.5	15500	5.63	1.077	42424	0.895
8	11.1	11100	4.72	0.903	35566	0.886
9	7.3	7300	3.85	0.737	29011	0.891
10	4.5	4500	2.95	0.565	22229	0.870
11	1.4	1400	1.94	0.371	14618	1.026

1. 光滑管小流量数据（以表 5-1 第 13 组数据为例）

$Q=70\text{L/h}$　　$h=94\text{mm}$　　实验水温 $t=16℃$　　黏度 $\mu=1.15\times10^{-3}\text{Pa·s}$
密度 $\rho=998.46$（kg/m³）

管内流速　　$u=\dfrac{Q}{\left(\dfrac{\pi}{4}\right)d^2}=\dfrac{70\div3600\div1000}{(\pi/4)\times0.008^2}=0.39$（m/s）

阻力降 $\Delta p_f = \rho g h = 998.46 \times 9.81 \times 94/1000 = 920.72$（Pa）

雷诺数 $Re = \dfrac{du\rho}{\mu} = \dfrac{0.008 \times 0.39 \times 998.46}{1.15 \times 10^{-3}} = 2.71 \times 10^3$

摩擦系数 $\lambda = \dfrac{2d}{\rho L} \times \dfrac{\Delta p_f}{u^2} = \dfrac{2 \times 0.008}{988.46 \times 1.70} \times \dfrac{917}{0.39^2} = 5.708 \times 10^{-2}$

2. 粗糙管大流量数据（以表 5-2 第 7 组数据为例）

$Q = 300\text{L/h}$　$\Delta p = 23.9\text{kPa}$　实验水温 $t = 16\text{℃}$

黏度 $\mu = 1.15 \times 10^{-3}\text{Pa·s}$　密度 $\rho = 998.46\text{kg/m}^3$

管内流速 $u = \dfrac{Q}{\left(\dfrac{\pi}{4}\right)d^2} = \dfrac{300/3600/1000}{(\pi/4) \times 0.01^2} = 1.6$（m/s）

阻力降 $\Delta p_f = 23.9 \times 1000 = 23900$（Pa）

雷诺数 $Re = \dfrac{du\rho}{\mu} = \dfrac{0.01 \times 1.06 \times 998.46}{1.15 \times 10^{-3}} = 9.203 \times 10^3$

摩擦系数 $\lambda = \dfrac{2d}{\rho L} \times \dfrac{\Delta p_f}{u^2} = \dfrac{2 \times 0.01}{998.46 \times 1.7} \times \dfrac{23900}{1.06^2} = 0.251$

直管摩擦系数 λ 与雷诺数 Re 的关联图见图 5-18。

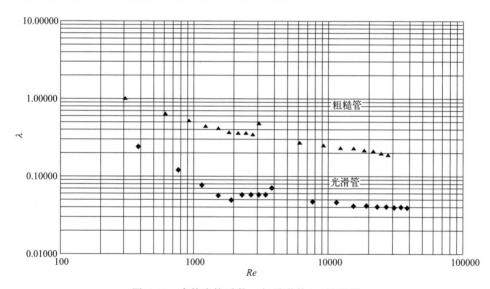

图 5-18　直管摩擦系数 λ 与雷诺数 Re 关联图

3. 局部阻力实验数据（以表 5-3 第 1 组数据为例）

$Q = 800\text{L/h}$　近端压差 $= 108.7\text{kPa}$　远端压差 $= 109.2\text{kPa}$

管内流速：$u = \dfrac{Q}{\left(\dfrac{\pi}{4}\right)d^2} = \dfrac{800 \div 3600 \div 1000}{(\pi/4) \times 0.0015^2} = 1.258$（m/s）

局部阻力：$\Delta p'_f = (2p_b - p_{b'}) - (p_a - p_{a'}) = (2 \times 108.7 - 109.2) \times 1000 = 108200$（Pa）

局部阻力系数：$\zeta = \left(\dfrac{2}{\rho}\right) \times \dfrac{\Delta p'_f}{u^2} = \left(\dfrac{2}{998.46}\right) \times \dfrac{108200}{1.258^2} = 137.3$

4. 离心泵性能测定

（1） H 的测定（以表 5-4 第 1 组数据为例）

涡轮流量计读数：$Q = 10.59 \text{m}^3/\text{h}$　功率表读数：0.74kW

压力表：0.042MPa；泵入口真空表：0MPa

实验水温 $t = 35.4℃$　黏度 $\mu = 1.09 \times 10^{-3} \text{Pa·s}$　密度 $\rho = 993.52 \text{kg/m}^3$

$$H = (Z_{出} - Z_{入}) + \frac{p_{出} - p_{入}}{\rho g} + \frac{u_{出}^2 - u_{入}^2}{2g}$$

$$H = 0.27 + \frac{(0.042 - 0) \times 10^6}{993.52 \times 9.81} = 4.6 \text{（m）}$$

（2） η 的测定

$$N = 功率表读数 \times 电机效率 = 0.74 \times 60\% = 0.444 \text{(kW)} = 444 \text{（W）}$$

$$Ne = HQ\rho g = \frac{4.6 \times 10.59 \times 993.52 \times 9.81}{3600} = 131.9 \text{（W）}$$

$$\eta = \frac{Ne}{N} = \frac{131.9}{444} = 29.68\%$$

5. 管路特性曲线测定

当离心泵安装在特定的管路系统中工作时，实际的工作压头和流量不仅与离心泵本身的性能有关，还与管路特性有关，也就是说，在液体输送过程中，泵和管路二者是相互制约的。

管路特性曲线是指流体流经管路系统的流量与所需压头之间的关系。若将泵的特性曲线与管路特性曲线绘制在同一坐标图上，两曲线交点即为泵在该管路的工作点。因此，如同通过改变阀门开度来改变管路特性曲线，求出泵的特性曲线一样，可通过改变泵转速来改变泵的特性曲线，从而得出管路特性曲线（图 5-19）。泵的压头 H 计算方法同上。

图 5-19　离心泵特性及管路特性图

6. 流量计性能测定（以表 5-6 第 5 组数据为例）

涡轮流量计 $V_S=7.35$（m³/h） 流量计压差：25.2kPa 实验水温 $t=18℃$
黏度 $\mu=1.09\times10^{-3}$（Pa·s） 密度 $\rho=998.08$（kg/m³）

$$u=\frac{7.35}{3600\times\pi/4\times0.043^2}=1.407\text{（m/s）}$$

$$Re=\frac{du\rho}{\mu}=\frac{0.043\times1.397\times998.08}{1.09\times10^{-3}}=5.54\times10^4$$

$$\because Q=CA_0\sqrt{\frac{2\Delta P}{\rho}}$$

$$C_0=Q/A_0\sqrt{\frac{2\Delta P}{\rho}}$$

$$=7.35/3600\times\left(\frac{\pi}{4}\right)\times0.02\times0.02\times\sqrt{\frac{2\times25.2\times1000}{998.08}}$$

$$=0.916$$

流量计标定流量 Q 与压差 Δp 关联图和流量计标定 C_0 与雷诺数 Re 关联图见图 5-20、图 5-21。

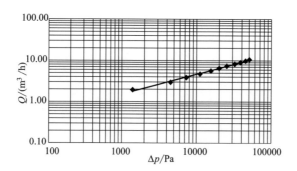

图 5-20 流量计标定流量 Q 与压差 Δp 关联图

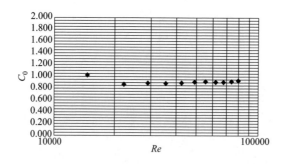

图 5-21 流量计标定 C_0 与雷诺数 Re 关联图

实验 2　恒压过滤实验仿真

一、实验目的

1. 掌握恒压过滤常数 K、q_e 的测定方法，加深对 K、q_e 概念和影响因素的理解。
2. 学习滤饼的压缩性指数 s 和物料常数 k 的测定方法。
3. 学习 $\dfrac{\mathrm{d}\theta}{\mathrm{d}q}$-$q$ 一类关系的实验确定方法。
4. 学习用正交试验法来安排实验，达到最大限度地减小实验工作量的目的。
5. 学习对正交试验法的实验结果进行科学的分析，分析出每个因素重要性的大小，指出试验指标随各因素变化的趋势，了解适宜操作条件的确定方法。

二、实验内容

1. 测定不同压力实验条件下的过滤常数 K、q_e。
2. 根据实验测量数据，计算滤饼的压缩性指数 s 和物料特性常数 k。

三、实验原理

过滤是利用过滤介质进行液-固系统的分离过程，过滤介质通常采用带有许多毛细孔的物质如帆布、毛毯、多孔陶瓷等。含有固体颗粒的悬浮液在一定压力作用下，液体通过过滤介质，固体颗粒被截留，从而使液固两相分离。

在过滤过程中，由于固体颗粒不断地被截留在介质表面上，滤饼厚度逐渐增加，使得液体流过固体颗粒之间的孔道加长，增加了流体流动阻力。故恒压过滤时，过滤速率是逐渐下降的。随着过滤的进行，若想得到相同的滤液量，则过滤时间要增加。

恒压过滤方程

$$q^2 + 2qq_e = K\theta \tag{5-13}$$

式中　q——单位过滤面积获得的滤液体积，$\mathrm{m^3/m^2}$；

　　　q_e——单位过滤面积上的虚拟滤液体积，$\mathrm{m^3/m^2}$；

　　　θ——实际过滤时间，s；

　　　K——过滤常数，$\mathrm{m^2/s}$。

将式（5-13）进行微分可得：

$$\frac{\mathrm{d}\theta}{\mathrm{d}q} = \frac{2}{K}q + \frac{2}{K}q_e \tag{5-14}$$

这是一个直线方程式，于普通坐标上标绘 $\dfrac{\mathrm{d}\theta}{\mathrm{d}q}$-$q$ 的关系，可得直线。其斜率为 $\dfrac{2}{K}$，截距为 $\dfrac{2}{K}q_e$，从而求出 K、q_e。

注：当各数据点的时间间隔不大时，$\dfrac{\mathrm{d}\theta}{\mathrm{d}q}$ 可用增量之比 $\dfrac{\Delta\theta}{\Delta q}$ 来代替。

过滤常数的定义式：
$$K = 2k\Delta p^{1-s} \tag{5-15}$$

两边取对数
$$\lg K = (1-s)\lg \Delta p + \lg(2k) \tag{5-16}$$

因 $k = \dfrac{1}{\mu r'\nu} =$ 常数，故 K 与 Δp 的关系在对数坐标上标绘时应是一条直线，直线的斜率为 $1-s$，由此可得滤饼的压缩性指数 s，然后代入式（5-15）求物料特性常数 k。

四、实验装置的基本情况

1. 实验装置流程示意图

如图 5-22 所示，滤浆槽内配有一定浓度的轻质碳酸钙悬浮液（浓度为 6%～8%），用电动搅拌器进行均匀搅拌（以浆液不出现旋涡为好）。启动旋涡泵，调节阀门 3 使压力表 8 指示在规定值。滤液量在计量桶内计量。

图 5-22 实验装置流程示意图

1—调速器；2—电动搅拌器；3,5,6,7,9,16—阀门；4—滤浆槽；8—压力表；10—滤浆泵；11—后进料阀；12—前进料阀；13—后滤液出口阀；14—前滤液出口阀；15—计量桶；17—过滤机组；18—压紧装置；19—反洗水箱

实验装置中过滤、洗涤管路分布如图 5-23 所示。

图 5-23 板框过滤机过滤、洗涤管路分布图

2. 实验设备主要技术参数

见表 5-7。

表 5-7 实验设备主要技术参数

序号	名称	规格	材料
1	搅拌器	型号：KDZ-1	
2	过滤板	160mm×180mm×11mm	不锈钢
3	滤布	工业用	
4	过滤面积	$0.0475m^2$	
5	计量桶	长327mm、宽286mm	

3. 实验装置仪表面板示意图

见图 5-24。

图 5-24 实验装置仪表面板示意图

五、实验方法及步骤

1. 打开总电源。

2. 打开搅拌器调速器开关，调节调速器旋钮（设定电流），将滤浆槽 4 内浆液搅拌均匀。

3. 点击压紧装置压紧板框。

4. 全开阀门 3、5、13、14。启动滤浆泵 10，打开阀门 9，利用调节阀门 3 使压力达到规定值（0.05MPa、0.10MPa、0.15MPa）。

5. 待压力表数值稳定后，打开后进料阀 11 开始过滤。同时开始计时，记录滤液每增加 10mm 高度所用的时间。记录测量 10～15 组数据后，立即关闭后进料阀 11。

6. 打开阀门 3 使压力表指示值下降，关闭泵开关。打开阀门 16 放出计量桶内的滤液并倒回槽内，保证滤浆浓度恒定。

7. 洗涤实验时关闭阀门 5、3，全开阀门 6、7、9。调节阀门 7 使压力表 8 达到过滤要求的数值。打开阀门 13、12，等到阀门 13 有液体流下时开始计时，测量 4~6 组数据（洗涤实验测得的数据不用记录）。实验结束后，关闭阀 12、13，打开阀门 16 放出计量桶内的滤液到反洗水箱内。

8. 开启压紧装置卸下过滤框内的滤饼并放回滤浆槽内，将滤布清洗干净。

9. 改变压力值，重复上述实验。

实验 3　传热实验仿真

一、实验目的

1. 通过对空气-水蒸气简单套管换热器的实验研究，掌握对流传热系数 α_i 的测定方法，加深对其概念和影响因素的理解。并应用线性回归分析方法，确定关联式 $Nu = ARe^m Pr^{0.4}$ 中常数 A、m 的值。

2. 通过对管程内部插有螺旋线圈的空气-水蒸气强化套管换热器的实验研究，测定其准数关联式 $Nu = BRe^m$ 中常数 B、m 的值和强化比 Nu/Nu_0，了解强化传热的基本理论和基本方式。

二、实验内容

1. 测定 5~6 个不同流速下简单套管换热器的对流传热系数 α_i。用图解法求关联式 $Nu = ARe^m Pr^{0.4}$ 中常数 A、m 的值。

2. 测定 5~6 个不同流速下强化套管换热器的对流传热系数 α_i。用图解法求关联式 $Nu = ARe^m Pr^{0.4}$ 中常数 A、m 的值。

3. 同一流量下，按实验所得准数关联式求得 Nu_0，计算传热强化比 Nu/Nu_0。

三、实验原理

1. 普通套管换热器传热系数及其准数关联式的测定

（1）对流传热系数 α_i 的测定

对流传热系数 α_i 可以根据牛顿冷却定律，用实验来测定。因为 $\alpha_i \ll \alpha_o$，所以传热管内的对流传热系数 $\alpha_i \approx K$，K（W/m²·℃）为热冷流体间的总传热系数，且 $K = Q_i/(\Delta t_m s_i)$，所以

$$\alpha_i \approx \frac{Q_i}{\Delta t_m S_i} \tag{5-17}$$

式中　α_i——管内流体对流传热系数，W/(m²·℃)；

Q_i——管内传热速率，W；

S_i——管内换热面积，m^2；

Δt_m——管内壁面与冷流体间平均温度差，℃。

平均温度差计算公式：
$$\Delta t_m = t_w - t_m \tag{5-18}$$

式中 t_m——冷流体的入口、出口温度的平均值；

t_w——内管内壁面，℃。

因为换热器内管为紫铜管，其导热系数很大，且管壁很薄，故认为内壁温度、外壁温度和壁面平均温度近似相等，用 t_w 来表示，由于管外使用蒸汽，所以 t_w 近似等于热流体的平均温度。

管内换热面积：
$$S_i = \pi d_i L_i \tag{5-19}$$

式中 d_i——内管管内径，m；

L_i——传热管测量段的实际长度，m。

由热量衡算式：
$$Q_i = W_i c_{pi}(t_{i2} - t_{i1}) \tag{5-20}$$

其中质量流量由下式求得：
$$W_i = \frac{V_i \rho_i}{3600} \tag{5-21}$$

式中 V_i——冷流体在套管内的平均体积流量，m^3/h；

c_{pi}——冷流体的定压比热容，kJ/(kg·℃)；

ρ_i——冷流体的密度，kg/m^3。

c_{pi} 和 ρ_i 可根据定性温度 t_m 查得，$t_m = \frac{t_{i1} + t_{i2}}{2}$ 为冷流体进出口平均温度。t_{i1}、t_{i2}、t_w、V_i 可采取一定的测量手段得到。

（2）对流传热系数准数关联式的实验确定

流体在管内作强制湍流，被加热状态，准数关联式的形式为：
$$Nu_i = A Re_i^m Pr_i^n \tag{5-22}$$

其中：$Nu_i = \frac{\alpha_i d_i}{\lambda_i}$，$Re_i = \frac{u_i d_i \rho_i}{\mu_i}$，$Pr_i = \frac{C_{pi} \mu_i}{\lambda_i}$

物性数据 λ_i、c_{pi}、ρ_i、μ_i 可根据定性温度 t_m 查得。经过计算可知，对于管内被加热的空气，普兰特准数 Pr_i 变化不大，可以认为是常数，则关联式的形式简化为：
$$Nu_i = A Re_i^m Pr_i^{0.4} \tag{5-23}$$

这样通过实验确定不同流量下的 Re_i 与 Nu_i，然后用线性回归方法确定 A 和 m 的值。

2. 强化套管换热器传热系数、准数关联式及强化比的测定

强化传热又被学术界称为第二代传热技术，它能减小初设计的传热面积，以减小换热器的体积和重量；提高现有换热器的换热能力；使换热器能在较低温差下工作；并且能够减少换热器的阻力以减少换热器的动力消耗，更有效地利用能源和资金。

在本实验中，采用实验 1 中的实验方法确定不同流量下的 Re_i 与 Nu_i，用线性回归方法可确定 B 和 m 的值。

单纯研究强化手段的强化效果（不考虑阻力的影响），可以用强化比的概念作为评判准则，它的形式是：Nu/Nu_0，其中 Nu 是强化管的努塞尔准数，Nu_0 是普通管的努塞尔准数，显然，强化比 $Nu/Nu_0>1$，而且它的值越大，强化效果越好。需要说明的是，如果评判强化方式的真正效果和经济效益，则必须考虑阻力因素，阻力系数随着换热系数的增加而增加，从而导致换热性能的降低和能耗的增加，只有强化比高，且阻力系数小的强化方式，才是最佳的强化方法。

四、实验装置介绍

1. 实验设备流程示意图

见图 5-25。

图 5-25　空气-水蒸气传热综合实验装置流程图

1—液位计；2—储水罐；3—排水阀；4—蒸汽发生器；5—强化套管蒸汽进口阀；6—普通套管蒸汽进口阀；
7—普通套管换热器；8—内插有螺旋线圈的强化套管换热器；9—普通套管蒸汽出口；10—强化套管蒸汽出口；
11—普通套管空气进口阀；12—强化套管空气进口阀；13—孔板流量计；14—空气旁路调节阀；
15—旋涡气泵 ；16—蒸汽冷凝器

2. 实验装置流程简介

如图 5-25 所示，实验装置的主体是两根平行的套管换热器，内管为紫铜材质，外管为不锈钢管，两端用不锈钢法兰固定。实验的蒸汽发生釜为电加热釜，内有 2 根 2.5kW U 形电加热器，用 200V 电压加热（可由仪表调节）。气源选择 XGB-2 型旋涡气泵，使用旁路调节阀调节流量。蒸汽空气上升管路，使用三通和球阀分别控制气体进入两个套管换热器。

空气由旋涡气泵吹出，由旁路调节阀调节，经孔板流量计，由支路控制阀选择不同的支路进入换热器。管程蒸汽由加热釜发生后自然上升，经支路控制阀选择逆流进入换热器壳程，由另一端蒸汽出口自然喷出，达到逆流换热的效果。

3. 实验装置仪表面板示意图

见图 5-26。

加热电压的设定：按一下加热电压控制仪表的 ⊙ 键，在仪表的 SV 显示窗中出现一闪烁数字，每按一次 ◀ 键，闪烁数字便向左移动一位，闪烁数字在哪个位子上就可以利用 ▲、▼ 键调节相应位子的数值，调好后重按 ⊙ 确认，并按所设定的数值应用。

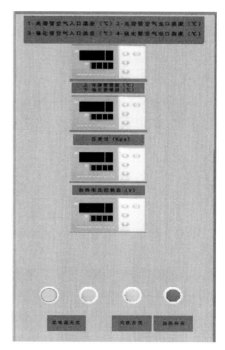

图 5-26　仪表面板示意图

五、实验方法及步骤

1. 打开总电源开关，启动电加热器开关，设定加热电压，开始加热。

2. 打开普通套管加热蒸汽进口阀 6 和普通套管空气进口阀 11。

3. 换热器壁温上升并稳定后，打开空气旁路调节阀 14（开到最大），启动风机。

4. 利用空气旁路调节阀 14 来调节空气的流量并在一定的流量下稳定 3～5min（仿真为数值不再变化）后分别测量记录空气的流量，空气进、出口的温度和管壁温度。

5. 改变不同流量测取 6～8 组数据。

6. 强化管实验：打开强化套管蒸汽进口阀 5 和强化套管空气进口阀 12，用上述同样方法测取 6～8 组数据。

7. 实验结束后，依次关闭加热开关、风机和总电源。

六、数据处理

1. 点击【记录数据】工具框，弹出"数据管理"窗口，在数据管理窗口中选择下方"记录数据"按钮，弹出数据记录框，将测得的数据填入。

2. 数据记录后，勾选想要数据处理的数据（若想处理所有数据，将下方的全选勾选即可），点击"处理 F"按钮，计算出对应数据的 t_m。

3. 点击"查询"按钮，查询对应温度的 ρ_{t_1}、ρ_{t_m} 以及 H/I/J 列的对应数据，双击填入数据，回车确认。

4. 点击"处理 K-T"按钮，处理对应数据的 K-T 列数据。

5. 数据记录处理后，若想保存，点击"保存"按钮，然后关闭窗口。

数据管理界面和数据查询界面分别见图 5-27 和图 5-28，普通管换热器数据整理结果和强化管换热器数据整理结果分别见表 5-8 和表 5-9，套管换热器实验准数关联图见图 5-29。

图 5-27 数据管理界面

图 5-28 数据查询界面

表 5-8 普通管换热器数据整理结果

项目	实验序号						
	1	2	3	4	5	6	7
压差 $\Delta P/\mathrm{kPa}$	0.50	1.00	1.50	2.00	2.50	2.98	3.22
$t_1/\mathrm{℃}$	39.2	40.2	41.3	42.6	44.7	47.1	49.2
$\rho_{t_1}/(\mathrm{kg/m^3})$	1.14	1.14	1.14	1.13	1.12	1.12	1.11

续表

项目	实验序号						
	1	2	3	4	5	6	7
t_2/℃	76.3	74.8	74	73.7	74.3	75.1	76.1
t_w/℃	99.4	99.0	98.6	98.4	98.4	98.4	98.4
空气进出口温度的平均值 at/℃	57.75	57.50	57.65	58.15	59.50	61.10	62.65
ρ_{at}/(kg/m³)	1.08	1.08	1.08	1.08	1.07	1.07	1.06
$\lambda_{at} \times 100$	2.88	2.88	2.88	2.88	2.89	2.90	2.92
C_{pat}	1005	1005	1005	1005	1005	1005	1005
$\mu_{at} \times 10^5$ Pa·s	1.99	1.99	1.99	2.00	2.00	2.01	2.02
dt/℃	37.10	34.60	32.70	31.10	29.60	28.00	26.90
dat/℃	41.65	41.50	40.95	40.25	38.90	37.30	35.75
V_{t_1}/(m³/h)	14.80	20.96	25.71	29.74	33.36	36.55	38.12
V/(m³/h)	15.67	22.11	27.04	31.21	34.91	38.15	39.71
u/(m/s)	13.86	19.55	23.91	27.59	30.87	33.73	35.11
q_c/W	175	231	267	292	310	318	317
α_i/[W/(m²·℃)]	56	74	86	96	106	113	118
Re	15009	21203	25910	29817	33111	35867	37016
Nu	39	51	60	67	73	78	81
$Nu/(Pr^{0.4})$	45	59	69	77	84	90	93

表 5-9 强化管换热器数据整理结果

项目	实验序号						
	1	2	3	4	5	6	7
压差 ΔP/kPa	0.40	0.80	1.18	1.64	2.00	2.39	2.64
t_1/℃	40.1	40.5	41.8	43.8	46.1	50.0	52.4
ρ_{t_1}/(kg/m³)	1.14	1.14	1.13	1.13	1.12	1.11	1.10
t_2/℃	83.4	81.6	81.2	80.8	81.6	82.8	83.5
t_w/℃	99.6	99.1	99.0	98.6	98.7	98.7	98.7
at/℃	61.75	61.05	61.50	62.30	63.85	66.40	67.95
ρ_{at}/(kg/m³)	1.07	1.07	1.07	1.06	1.06	1.05	1.04
$\lambda_{at} \times 100$	2.91	2.90	2.91	2.91	2.93	2.94	2.96
C_{pat}	1005	1006	1007	1008	1009	1010	1011
$\mu_{at} \times 10^5$ Pa·s	2.01	2.01	2.01	2.01	2.02	2.03	2.04
dt/℃	43.30	41.10	39.40	37.00	35.50	32.80	31.10
dat/℃	37.85	38.05	37.50	36.30	34.85	32.30	30.75
V_{t_1}/(m³/h)	13.25	18.75	22.82	26.98	29.90	32.88	34.69
V/(m³/h)	14.17	19.98	24.25	28.56	31.56	34.55	36.34
u/(m/s)	12.53	17.67	21.44	25.25	27.91	30.55	32.14
q_c/W	183	245	285	315	332	334	332
α_i/[W/(m²·℃)]	64	85	101	115	127	137	143
Re	13272	18789	22744	26671	29228	31548	32903
Nu	44	59	69	79	87	93	97
$Nu/(Pr^{0.4})$	51	68	80	91	100	108	112

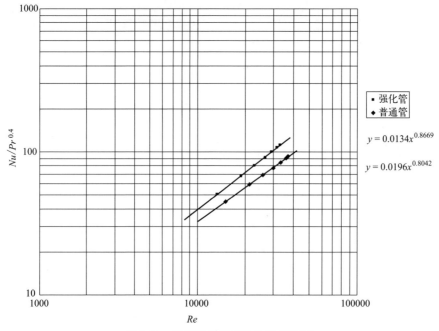

图 5-29 套管换热器实验准数关联图

实验 4　精馏实验仿真

一、实验目的

1. 了解板式精馏塔的结构和操作。
2. 学习精馏塔性能参数的测量方法，并掌握其影响因素。

二、实验内容

1. 测定精馏塔在全回流条件下，稳定操作后的全塔理论塔板数和总板效率。
2. 测定精馏塔在部分回流条件下，稳定操作后的全塔理论塔板数和总板效率。

三、实验原理

对于二元物系，如已知其汽液平衡数据，则根据精馏塔的原料液组成、进料热状况、操作回流比及塔顶馏出液组成、塔底釜液组成可以求出该塔的理论板数 N_T。按照式（5-24）可以得到总板效率 E_T，其中 N_P 为实际塔板数。

$$E_T = \frac{N_T}{N_P} \times 100\% \tag{5-24}$$

部分回流时，进料热状况参数的计算式为

$$q = \frac{c_{pm}(t_{BP} - t_F) + r_m}{r_m} \tag{5-25}$$

式中　t_F——进料温度，℃；

t_{BP}——进料的泡点温度,℃;

c_{pm}——进料液体在平均温度 (t_F+t_{BP})/2 下的比热容,kJ/(kmol·℃);

r_m——进料液体在泡点温度下的汽化潜热,kJ/kmol。

$$C_{pm}=C_{p1}M_1x_1+C_{p2}M_2x_2 \quad (5\text{-}26)$$
$$r_m=r_1M_1x_1+r_2M_2x_2 \quad (5\text{-}27)$$

式中 c_{p1},c_{p2}——分别为纯组分 1 和组分 2 在平均温度下的比热容,kJ/(kg·℃);

r_1,r_2——分别为纯组分 1 和组分 2 在泡点温度下的汽化潜热,kJ/kg;

M_1,M_2——分别为纯组分 1 和组分 2 的摩尔质量,kJ/kmol;

x_1,x_2——分别为纯组分 1 和组分 2 在进料中的摩尔分数。

四、实验装置基本情况

1. 实验设备流程图

见图 5-30。

图 5-30 精馏实验装置流程图

1—储料罐;2—进料泵;3—放料阀;4—料液循环阀;5—直接进料阀;6—间接进料阀;7—流量计;8—高位槽;
9—玻璃观察段;10—精馏塔;11—塔釜取样阀;12—釜液放空阀;13—塔顶冷凝器;14—回流比控制器;
15—塔顶取样阀;16—塔顶液回收罐;17—放空阀;18—塔釜出料阀;19—塔釜储料罐;20—塔釜冷凝器;
21—第六块板进料阀;22—第七块板进料阀;23—第八块板进料阀;T1~T12—温度测点

2. 实验试剂

(1) 实验物系　乙醇—正丙醇。

(2) 实验物系平衡关系　见表 5-10。

表 5-10　乙醇—正丙醇 t-x-y 关系

t	97.60	93.85	92.66	91.60	88.32	86.25	84.98	84.13	83.06	80.50	78.38
x	0	0.126	0.188	0.210	0.358	0.461	0.546	0.600	0.663	0.884	1.0
y	0	0.240	0.318	0.349	0.550	0.650	0.711	0.760	0.799	0.914	1.0

注：1. 乙醇沸点 78.3℃；正丙醇沸点 97.2℃。

2. 以乙醇摩尔分数表示，x-液相，y-气相。

(3) 实验物系浓度要求　15%～25%（乙醇质量分数）。

3. 实验设备仪表面板图

见图 5-31。

图 5-31　精馏设备仪表面板图

4. 特殊说明

（1）回流比控制器

回流比控制器关的状态默认为全回流。回流比设定：打开回流比开关，回流比仪表面板前两位数值为回流时间，后两位数值为采出时间。设定方法同设定仪表操作方法一样。见图 5-32。

图 5-32　精馏设备仪表面板图

（2）塔釜液位控制

塔釜液位采用自动控制，当塔釜液位超过规定的 60% 后，塔釜出料磁阀自动打开，向塔釜储罐出料；当塔釜液位低于规定的 35% 后，加热自动停止，防止塔釜蒸干。

五、实验方法及步骤

1. 全回流操作

——打开总电源。

——打开塔顶冷凝器进水阀门（开度 50%），保证冷却水量 60L/h 左右。

——打开加热开关，调节设定加热电压约为 130V。

——保持加热釜电压不变，观察塔内各块塔板的温度直至各塔板及回流温度稳定，在全回流情况下稳定 15min 左右。然后分别记录塔顶、塔釜样品浓度。

2. 部分回流操作

——打开总电源。

——打开进料泵开关。

——打开原料罐回流阀，部分原料回流。

——打开塔顶冷凝器进水阀门（开度 50%），保证冷却水量 60L/h 左右。

——打开间接进料阀门，调节水箱转子流量计开关，以 2.0～3.0（L/h）的流量向塔内加料，打开第六、七、八块塔板进料阀门（开度 100% 左右）。

——打开回流比控制器开关，调节设定回流比为 $R=4$（在仪表面板上输入 4010，然后设定即可）。

——打开加热开关，调节设定加热电压约为 130V。

——待各塔板温度稳定后，记录塔顶、塔釜样品浓度。

3. 结束实验

——记录好实验数据并检查无误后可停止实验，关闭进料阀门和加热开关，关闭回流比调节器开关。

——停止加热后10min再关闭冷却水，关闭总电源。

——关闭所有进料阀门开关。

六、实验参考数据记录及数据处理过程举例

精馏实验原始数据及处理结果见表5-11。

表5-11 精馏实验原始数据及处理结果

实际塔板数:10	实验物系:乙醇-正丙醇		折光仪分析温度:30℃		
	全回流:$R=\infty$		部分回流:$R=4$ 进料温度:30.4℃		进料量:2L/h
	塔顶组成	塔釜组成	塔顶组成	塔釜组成	进料组成
折射率n	1.3611	1.3769	1.3637	1.3782	1.3755

实验数据处理过程举例如下。

1. 全回流

塔顶样品折射率 $n_D=1.3611$

乙醇质量分数
$$W=58.844116-42.61325n_D$$
$$=58.844116-42.61325\times1.3611=0.843$$

摩尔分数
$$X_d=\frac{(0.843/46)}{(0.843/46)+(1-0.843)/60}=0.875$$

同理：塔釜样品折射率 $n_D=1.3769$

乙醇的质量分数
$$W=58.844116-42.61325n_D$$
$$=58.844116-42.61325\times1.3769=0.169$$

摩尔分数 $x_w=0.209$

在平衡线和操作线之间图解理论板3.53（图5-36）

$$全塔效率\ \eta=\frac{N_t}{N_P}=\frac{3.53}{10}=35.3\%$$

2. 部分回流（$R=4$）

塔顶样品折射率 $n_D=1.3637$ 塔釜样品折射率 $n_D=1.3782$

进料样品折射率 $n_D=1.3755$

由全回流计算出摩尔分数 $X_D=0.781$ $X_w=0.144$ $X_F=0.280$

进料温度 $t_F=30.4℃$，在 $X_F=0.280$ 下

$t_{BP}=9.1389X_F^2-27.861X_F+97.359=90.27$（℃）

乙醇在60.3℃下的比热容 $c_{p1}=3.08$ (kJ/kg·℃)

正丙醇在60.3℃下的比热容 $c_{p2}=2.89$ (kJ/kg·℃)

乙醇在90.27℃下的汽化潜热 $r_1=821$ (kJ/kg)

正丙醇在90.27℃下的汽化潜热 $r_2=684$ (kJ/kg)

混合液体比热容 $c_{pm}=46\times0.280\times3.08+60\times(1-0.280)\times2.89$

$$= 164.52 \text{ (kJ/kmol} \cdot \text{℃)}$$

混合液体汽化潜热 $r_{pm} = 46 \times 0.280 \times 821 + 60 \times (1-0.280) \times 684$

$$= 40123.28 \text{ (kJ/kmol)}$$

$$q = \frac{c_{pm} \times (t_B - t_F) + r_m}{r_m} = \frac{164.52 \times (90.27 - 30.4) + 40123.28}{40123.28} = 1.25$$

$$q \text{ 线斜率} = \frac{q}{q-1} = 4.98$$

在平衡线和精馏段操作线、提馏段操作线之间图解理论板塔板数 5.013。

$$\text{全塔效率 } \eta = \frac{N_t}{N_P} = 50.13\%$$

图解法求解理论板见图 5-33 和图 5-34。

图 5-33 全回流平衡线和操作线图

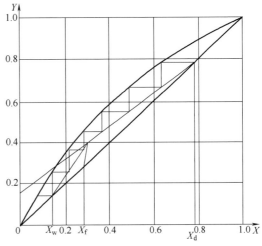

图 5-34 部分回流平衡线和操作线图

实验 5 吸收解吸实验仿真

一、实验目的

1. 了解填料吸收塔的结构、性能和特点,练习并掌握填料塔操作方法;通过实验测定数据的处理分析,加深对填料塔流体力学性能基本理论的理解,加深对填料塔传质性能理论的理解。

2. 掌握填料吸收塔传质能力和传质效率的测定方法,练习对实验数据的处理分析。

二、实验内容

1. 测定填料层压强降与操作气速的关系,确定在一定液体喷淋量下的液泛气速。
2. 固定液相流量和入塔混合气二氧化碳的浓度,在液泛速度下,取两个相差较大的气相流量，分别测量塔的传质能力（传质单元数和回收率）和传质效率（传质单元高度和体积吸收总系数）。

3. 进行纯水吸收二氧化碳、空气解吸水中二氧化碳的操作练习，同时测定填料塔液侧传质膜系数和总传质系数。

三、实验原理

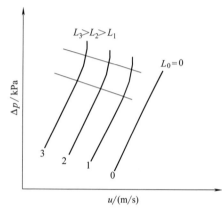

图 5-35　填料层的 Δp-u 关系

气体通过填料层的压强降：压强降是塔设计中的重要参数，气体通过填料层压强降的大小决定了塔的动力消耗。压强降与气、液流量均有关，不同液体喷淋量下填料层的压强降 Δp 与气速 u 的关系如图 5-35 所示。

当液体喷淋量 $L_0=0$ 时，干填料的 Δp-u 的关系是直线，如图中的直线 0。当有一定的喷淋量时，Δp-u 的关系变成折线，并存在两个转折点，下转折点称为"载点"，上转折点称为"泛点"。这两个转折点将 Δp-u 关系分为三个区段：恒持液量区、载液区及液泛区。

传质性能：吸收系数是决定吸收过程速率高低的重要参数，实验测定可获取吸收系数。对于相同的物系及一定的设备（填料类型与尺寸），吸收系数随着操作条件及气液接触状况的不同而变化。

根据双膜模型的基本假设（图 5-36），气侧和液侧的吸收质 A 的传质速率方程可分别表达为

气膜 $\qquad G_A = k_g A (p_A - p_{Ai})$ (5-28)

液膜 $\qquad G_A = k_l A (c_{Ai} - c_A)$ (5-29)

式中　G_A——A 组分的传质速率，kmol/s；

A——两相接触面积，m^2；

p_A——气侧 A 组分的平均分压，Pa；

p_{Ai}——相界面上 A 组分的平均分压，Pa；

c_A——液侧 A 组分的平均浓度，kmol/m^3；

c_{Ai}——相界面上 A 组分的浓度，kmol/m^3；

k_g——以分压表达推动力的气侧传质膜系数，kmol/(m^2·s·Pa)；

k_l——以物质的量浓度表达推动力的液侧传质膜系数，m/s。

以气相分压或以液相浓度表示传质过程推动力的相际传质速率方程又可分别表达为：

$$G_A = K_G A (p_A - p_A^*)$$ (5-30)

$$G_A = K_L A (c_A^* - c_A)$$ (5-31)

式中　p_A^*——液相中 A 组分的实际浓度所要求的气相平衡分压，Pa；

c_A^*——气相中 A 组分的实际分压所要求的液相平衡浓度，kmol/m³；

K_G——以气相分压表示推动力的总传质系数或简称为气相传质总系数，kmol/(m²·s·Pa)；

K_L——以气相分压表示推动力的总传质系数，或简称为液相传质总系数，m/s。

若气液相平衡关系遵循亨利定律：$c_A = H p_A$，则：

$$\frac{1}{K_G} = \frac{1}{k_g} + \frac{1}{HK_l} \tag{5-32}$$

$$\frac{1}{K_L} = \frac{H}{k_g} + \frac{1}{k_l} \tag{5-33}$$

当气膜阻力远大于液膜阻力时，则相际传质过程式受气膜传质速率控制，此时，$K_G = k_g$；反之，当液膜阻力远大于气膜阻力时，则相际传质过程受液膜传质速率控制，此时，$K_L = k_l$。

如图 5-37 所示，在逆流接触的填料层内，任意载取一微分段，并以此为衡算系统，则由吸收质 A 的物料衡算可得：

图 5-36 双膜模型的浓度分布图

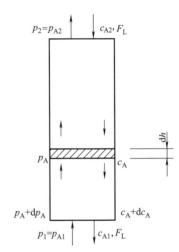

图 5-37 填料塔的物料衡算图

$$dG_A = \frac{F_L}{\rho_L} dc_A \tag{5-34}$$

式中 F_L——液相摩尔流率，kmol/s；

ρ_L——液相摩尔密度，kmol/m³。

根据传质速率基本方程式，可写出该微分段的传质速率微分方程：

$$dG_A = K_L (c_A^* - c_A) a S dh \tag{5-35}$$

联立上两式可得：

$$dh = \frac{F_L}{K_L a S \rho_L} \times \frac{dc_A}{c_A^* - c_A} \tag{5-36}$$

式中 a——气液两相接触的比表面积，m²/m³；

S——填料塔的横截面积，m²。

本实验采用水吸收纯二氧化碳，且已知二氧化碳在常温常压下溶解度较小，因此，液相

摩尔流率 F_L 和摩尔密度 ρ_L 的比值，亦即液相体积流率 V_{sL} 可视为定值，且设总传质系数 K_L 和两相接触比表面积 a，在整个填料层内为一定值，则按条件积分式（5-36），可得填料层高度的计算公式：

$$h=0 \quad c_A=c_{A2}; \quad h=h \quad c_A^*=c_{A1}$$

$$h=\frac{V_{sL}}{K_L aS} \cdot \int_{c_{A2}}^{c_{A1}} \frac{dc_A}{c_A^* - c_A} \tag{5-37}$$

令 $H_L = \dfrac{V_{sL}}{K_L aS}$，且称 H_L 为液相传质单元高度（HTU）；

$N_L = \int_{c_{A2}}^{c_{A1}} \dfrac{dc_A}{c_A^* - c_A}$，且称 N_L 为液相传质单元数（NTU）。

因此，填料层高度为传质单元高度与传质单元数之乘积，即

$$h = H_L N_L \tag{5-38}$$

若气液平衡关系遵循亨利定律，即平衡曲线为直线，则式（5-38）为可用解析法解得填料层高度的计算式，亦即可采用下列平均推动力法计算填料层的高度或液相传质单元高度：

$$h = \frac{V_{sL}}{K_L aS} \times \frac{c_{A1} - c_{A2}}{\Delta c_{Am}} \tag{5-39}$$

$$N_L = \frac{h}{H_L} = \frac{h}{V_{sL}/K_L aS} \tag{5-40}$$

式中，Δc_{Am} 为液相平均推动力，即

$$\Delta c_{Am} = \frac{\Delta c_{A1} - \Delta c_{A2}}{\ln \dfrac{\Delta c_{A1}}{\Delta c_{A2}}} = \frac{(c_{A1}^* - c_{A1}) - (c_{A2}^* - c_{A2})}{\ln \dfrac{c_{A1}^* - c_{A1}}{c_{A2}^* - c_{A2}}} \tag{5-41}$$

其中：$c_{A1}^* = Hp_{A1} = Hy_1 p_0$，$c_{A2}^* = Hp_{A2} = Hy_2 p_0$，$p_0$ 为大气压。

二氧化碳的溶解度常数：

$$H = \frac{\rho_w}{M_w} \times \frac{1}{E} \tag{5-42}$$

式中　ρ_w——水的密度，kg/m³；

M_w——水的摩尔质量，kg/kmol；

E——二氧化碳在水中的亨利系数。

因本实验采用的物系不仅遵循亨利定律，而且气膜阻力可以不计，在此情况下，整个传质过程阻力都集中于液膜，即属液膜控制过程，则液侧体积传质膜系数等于液相体积传质总系数，亦即

$$k_l a = K_L a = \frac{V_{sL}}{hS} \times \frac{c_{A1} - c_{A2}}{\Delta c_{Am}} \tag{5-43}$$

四、实验装置

1. 二氧化碳吸收与解吸实验装置流程示意图

见图 5-38。

图 5-38 二氧化碳吸收与解吸实验装置流程示意图

1—解吸液储槽;2—解吸水泵;3—吸收水泵;4—风机;5—空气旁通阀;6—空气流量计;
7—吸收液流量计;8—吸收塔;9—解吸塔;10,11—减压阀压力表;12,13—U形管液柱压强计;
14—解吸液流量计;15—CO_2 流量计;16—吸收用空气流量计;17—CO_2 钢瓶针阀;
18—减压阀;19—吸收液储槽;20—CO_2 钢瓶

2. 实验装置面板图

见图 5-39。

五、实验方法及步骤

1. 测量吸收塔干填料层 $(\Delta p/Z)$-u 关系曲线（只做解吸塔）

——打开总电源开关。

——打开空气旁通阀 5 至全开，启动风机。

——打开空气流量计 6，逐渐关小空气旁通阀 5 的开度，调节进塔的空气流量。

——稳定后读取填料层压降 Δp 的数值（注意单位换算），然后改变空气流量，从小到大共测定 8～10 组数据，记录数据。

2. 测量填料塔在喷淋量下填料层 $(\Delta p/Z)$-u 关系曲线（只做解吸塔）

——打开总电源开关。

——打开吸收水泵 3 开关，调节吸收液流量

图 5-39 实验装置面板图

计7,将水流量固定在100L/h。

——采用上面相同步骤调节空气流量,稳定后分别读取并记录填料层压降 Δp、转子流量计读数和流量计处所显示的空气温度,操作中随时注意观察塔内现象,一旦出现液泛,记下对应空气转子流量计读数。

3. 二氧化碳吸收传质系数测定

吸收塔与解吸塔（水流量控制在40L/h）

——打开空气旁通阀5。

——启动解吸水泵2,调节解吸液流量计14,控制水流量在40L/h。

——打开二氧化碳钢瓶顶上的针阀17、减压阀18,打开二氧化碳流量计15,控制二氧化碳流量在 $0.2m^3/h$ 左右。

——启动气泵开关,调节吸收用空气流量计16,控制流量在 $0.51m^3/h$ 左右,向吸收塔内通入二氧化碳和空气的混合气体。

——启动吸收水泵3,调节吸收液流量计7,控制水流量在40L/h。启动风机,打开空气流量计6,利用空气旁通阀5调节空气流量约 $0.5m^3/h$,对解吸塔中的吸收液进行解吸。

——操作达到稳定状态之后,记录气相温度、液相温度,同时取样,测定两塔塔顶、塔底溶液中二氧化碳的含量。实验时注意吸收液流量计和解吸液流量计数值要一致,并注意解吸液储槽中的液位,两个流量计要及时调节,以保证实验时操作条件不变。

六、数据处理

实验数据计算及结果（以实验中所取得数据的第二组数据为例）如下。

1. 填料塔流体力学性能测定（以解吸填料塔干填料数据为例）

转子流量计读数 $0.5m^3/h$；填料层压降U形管读数 $4.0mmH_2O$

$$空塔气速:u=\frac{V}{3600\times(\pi/4)\times D^2}=\frac{0.5}{3600\times(\pi/4)\times 0.050^2}=0.07 \text{（m/s）}$$

$$单位填料层压降 \Delta p/Z=4/0.80=5.0 \text{（mmH}_2\text{O/m）}=49.0 \text{（Pa/m）}$$

在对数坐标纸上以空塔气速 u 为横坐标,$\Delta p/Z$ 为纵坐标作图,标绘 $\Delta p/Z\text{-}u$ 关系曲线

2. 传质实验（以设备吸收塔的传质实验为例）

吸收液消耗盐酸体积 $V_1=15.6mL$,则吸收液浓度为:

$$c_{A1}=\frac{2c_{Ba(OH)_2}V_{Ba(OH)_2}-c_{HCl}V_{HCl}}{2V_{溶液}}$$

$$=\frac{2\times 0.0972\times 10-0.108\times 15.6}{2\times 20}=0.00648 \text{（kmol/m}^3\text{）}$$

因纯水中含有少量的二氧化碳,所以纯水滴定消耗盐酸体积 $V=17.9mL$,则塔顶水中 CO_2 浓度为:

$$c_{A2}=\frac{2c_{Ba(OH)_2}V_{Ba(OH)_2}-c_{HCl}V_{HCl}}{2V_{溶液}}$$

$$=\frac{2\times 0.0972\times 10-0.108\times 17.9}{2\times 20}=0.00027 \text{（kmol/m}^3\text{）}$$

塔底液温度 $t=25℃$ 查得 CO_2 亨利系数：$E=1.66×10^5 \text{kPa}$

则 CO_2 的溶解度常数为：$H=\dfrac{\rho_w}{M_w}×\dfrac{1}{E}=\dfrac{1000}{18}×\dfrac{1}{1.66×10^8}=3.35×10^{-7}\text{kmol/(m}^3·\text{Pa)}$

塔顶和塔底的平衡浓度为：$c^*_{A1}=Hp_{A1}=Hy_1p_0=3.35×10^{-7}×101325×\left[0.3×\sqrt{\dfrac{1.204}{1.85}}\bigg/\left(0.3×\sqrt{\dfrac{1.204}{1.85}}+0.7\right)\right]=0.0087$（$\text{kmol/m}^3$）

$$c^*_{A2}=Hp_{A2}=Hy_2p_0=0.0081\text{kmol/m}^3$$

液相平均推动力为：

$$\Delta c_{Am}=\dfrac{\Delta c_{A1}-\Delta c_{A2}}{\ln\dfrac{\Delta c_{A2}}{\Delta c_{A1}}}=\dfrac{(c^*_{A2}-c_{A2})-(c^*_{A1}-c_{A1})}{\ln\dfrac{c^*_{A2}-c_{A2}}{c^*_{A1}-c_{A1}}}=\dfrac{c_{A1}-c_{A2}}{\ln\dfrac{c^*_{A2}-c_{A2}}{c^*_{A1}-c_{A1}}}$$

$$=\dfrac{(0.0081-0.00027)-(0.0087-0.00648)}{\ln\dfrac{0.0081-0.00027}{0.0087-0.00648}}=0.00445\text{（kmol/m}^3)$$

因本实验采用的物系不仅遵循亨利定律，而且气膜阻力可以不计，在此情况下，整个传质过程阻力都集中于液膜，属液膜控制过程，则液侧体积传质膜系数等于液相体积传质总系数，即

$$k_la=K_La=\dfrac{V_{sL}}{hS}×\dfrac{c_{A1}-c_{A2}}{\Delta c_{Am}}$$

$$=\dfrac{40×10^{-3}/3600}{0.80×3.14×(0.050)^2/4}×\dfrac{(0.00648-0.00027)}{0.00445}=0.0099\text{（s}^{-1})$$

实验结果见表 5-12～表 5-15。实验装置 $\Delta p/Z$-u 关系曲线图见图 5-40。

表 5-12　二氧化碳在水中的亨利系数（$E×10^{-5}$，kPa）

项目	温度/℃											
	0	5	10	15	20	25	30	35	40	45	50	60
$E×10^{-5}$/kPa	0.738	0.888	1.05	1.24	1.44	1.66	1.88	2.12	2.36	2.60	2.87	3.46

表 5-13　填料塔流体力学性能测定（干填料）

$L=0$　填料层高度 $Z=0.78\text{m}$　塔径 $D=0.05\text{m}$

序号	填料层压强降 /mmH$_2$O	单位高度填料层压强降 /(mmH$_2$O/m)	空气转子流量计读数 /(m^3/h)	空塔气速 /(m/s)
1	2	2.6	0.25	0.04
2	4	5.1	0.5	0.07
3	8	10.3	1.1	0.16
4	10	12.8	1.4	0.20
5	12	15.4	1.7	0.24
6	16	20.5	2	0.28
7	18	23.1	2.2	0.31
8	22	28.2	2.5	0.35

表 5-14 填料塔流体力学性能测定（湿填料）

$L=100$L/h 填料层高度 $Z=0.78$m 塔径 $D=0.05$m

序号	填料层压强降 /mmH$_2$O	单位高度填料层压强降 /(mmH$_2$O/m)	空气转子流量计读数 /(m^3/h)	空塔气速 /(m/s)	操作现象
1	38	48.7	0.50	0.07	正常
2	47	60.3	0.60	0.08	正常
3	56	71.8	0.70	0.10	正常
4	69	88.5	0.80	0.11	正常
5	86	110.3	0.90	0.13	正常
6	100	128.2	1.00	0.14	正常
7	112	143.6	1.10	0.16	正常
8	131	167.9	1.20	0.17	正常
9	146	187.2	1.30	0.18	积水
10	158	202.6	1.40	0.20	积水
11	212	271.8	1.50	0.21	液泛
12	279	357.7	1.60	0.23	液泛

表 5-15 填料吸收塔传质实验技术数据表

被吸收的气体：CO_2 吸收剂：纯水 塔内径：50mm

塔类型	填料吸收塔
填料种类	瓷拉西环
填料尺寸/mm	10×10
填料层高度/m	0.78
空气转子流量计读数/(m^3/h)	0.7
CO_2 转子流量计处温度/℃	25.0
流量计处 CO_2 的体积流量/(m^3/h)	0.242
水转子流量计读数/(L/h)	40.0
水流量/(L/h)	40.0
中和 CO_2 用 Ba(OH)$_2$ 的浓度/(kmol/m^3)	0.0972
中和 CO_2 用 Ba(OH)$_2$ 的体积/mL	10
滴定用盐酸的浓度/(kmol/m^3)	0.108
滴定塔底吸收液用盐酸的体积/mL	15.6
滴定空白液用盐酸的体积/mL	17.9
样品的体积/mL	20
塔底液相的温度/℃	25
亨利常数$(E)/10^8$Pa	1.66
塔底液相浓度 c_{A1}/(kmol/m^3)	0.00648
空白液相浓度 c_{A2}/(kmol/m^3)	0.00027
传质单元高度 H_L/m	0.572
y_1	0.25691
平衡浓度 c_{A1}^*/(kmol/m^3)	0.008712
$c_{A1}^* - c_{A1}$	0.0022
y_2	0.2402
平衡浓度 c_{A2}^*/(kmol/m^3)	0.008146
平均推动力 Δc_{Am}/(kmol/m^3)	0.00445
液相体积传质系数 $K_L a$/s^{-1}	0.0099
吸收率	6.5%

图 5-40 实验装置 $\Delta p/Z$-u 关系曲线图

实验 6 萃取塔实验仿真

一、实验目的

1. 直观展示转盘萃取塔的基本结构以及实现萃取操作的基本流程；观察萃取塔内桨叶在不同转速下，分散相液滴变化情况和流动状态。
2. 练习并掌握转盘萃取塔性能的测定方法。

二、实验内容

1. 固定两相流量，测定桨叶不同转速下萃取塔的传质单元数 N_{OH}、传质单元高度 H_{OH} 及总传质单元系数 K_{YE}。
2. 通过实际操作练习，探索强化萃取塔传质效率的方法。

三、实验原理

对于液体混合物的分离，除可采用蒸馏方法外，还可采用萃取方法。即在液体混合物（原料液）中加入一种与其基本不相混溶的液体作为溶剂，利用原料液中的各组分在溶剂中溶解度的差异来分离液体混合物。此即液-液萃取。简称萃取。选用的溶剂称为萃取剂，以字母 S 表示，原料液中易溶于 S 的组分称为溶质，以字母 A 表示，原料液中难溶于 S 的组分称为原溶剂或稀释剂，以字母 B 表示。

萃取操作一般是将一定量的萃取剂和原料液同时加入萃取器中，在外力作用下充分混合，溶质通过相界面由原料液向萃取剂中扩散。两液相由于密度差而分层。一层以萃取剂 S

为主，溶有较多溶质，称为萃取相，用字母 E 表示，另一层以原溶剂 B 为主，且含有未被萃取完的溶质，称为萃余相，以 R 表示。萃取操作并未把原料液全部分离，而是将原来的液体混合物分为具有不同溶质组成的萃取相 E 和萃余相 R。通常萃取过程中一个液相为连续相，另一个液相以液滴的形式分散在连续的液相中，称为分散相。液滴表面积即为两相接触的传质面积。

本实验操作中，以水为萃取剂，从煤油中萃取苯甲酸。所以，水相为萃取相（又称为连续相、重相）用字母 E 表示，煤油相为萃余相（又称为分散相、轻相）用字母 R 表示。萃取过程中，苯甲酸部分地从萃余相转移至萃取相。

四、实验装置基本情况

1. 实验装置的流程示意图

见图 5-41。

图 5-41　萃取塔实验装置流程示意图

1—水泵；2—油泵；3—煤油回流阀；4—煤油原料箱；5—煤油回收箱；
6—煤油流量计；7—回流管；8—电机；9—萃取塔；10—桨叶；
11—π 形管；12—水转子流量计；13—水回流阀；14—水箱

2. 实验装置流程简介

本实验以水为萃取剂，从煤油中萃取苯甲酸。水相为萃取相（用字母 E 表示，本实验又称连续相、重相）。煤油相为萃余相（用字母 R 表示，本实验中又称分散相、轻相）。轻相入口处，苯甲酸在煤油中的浓度应保持在 0.0015～0.0020（kg/kg）之间为宜。轻相由塔底进入，作为分散相向上流动，经塔顶分离段分离后由塔顶流出；重相由塔顶进入作为连续相向下流动至塔底经 π 形管流出；轻重两相在塔内呈逆向流动。在萃取过程中，苯甲酸部分地从萃余相转移至萃取相。萃取相及萃余相进出口浓度由容量分析法测定。考虑水与煤油是完全不互溶的，且苯甲酸在两相中的浓度都很低，可认为在萃取过程中两相液体的体积流量不发生变化。

3. 实验装置面板示意图

见图 5-42。

五、实验方法及步骤

1. 打开总电源。
2. 打开水相入口阀,水箱内放满水,打开油箱进口阀放满配制好的轻相入口煤油。
3. 分别启动水相和煤油相送液泵的开关,打开两相回流阀,使其循环流动。
4. 打开水转子流量计调节阀,将重相送入塔内。
5. 当塔内水面逐渐上升到重相入口与轻相出口之间的中点时,将水流量调至指定值(约4L/h)。
6. 打开调速器开关,调节旋钮设定转速为500r/min。
7. 打开油相流量计调节阀,将轻相流量调至指定值(约6L/h)。在实验过程中,始终保持塔顶分离段两相的相界面位于重相入口与轻相出口之间中点左右(DCS画面中设定π形高度0.65m)。

图5-42 实验装置面板示意图

8. 维持操作稳定一段时间后,记录轻相进、出口样品浓度,重相出口样品浓度。
9. 取值后,改变桨叶转速,其它条件维持不变,进行第二个实验点的测试。
10. 实验完毕后,关闭两相流量计。将调速器旋钮调至零位,关闭调速器。
11. 关闭水泵、油泵,关闭总电源。

六、数据处理

萃取相传质单元数 N_{OE} 的计算公式为:$N_{OE} = \int_{Y_{Et}}^{Y_{Eb}} \dfrac{dY_E}{(Y_E^* - Y_E)}$

式中 Y_{Et}——苯甲酸进入塔顶的萃取相质量比组成,kg/kg;本实验中 $Y_{Et}=0$;

Y_{Eb}——苯甲酸离开塔底萃取相质量比组成,kg/kg;

Y_E——苯甲酸在塔内某一高度处萃取相质量比组成,kg/kg;

Y_E^*——与苯甲酸在塔内某一高度处萃余相组成 X_R 成平衡的萃取相中的质量比组成,kg/kg。

利用 Y_E-X_R 图上的分配曲线(平衡曲线)与操作线,可求得 $\dfrac{1}{(Y_E^* - Y_E)}$-Y_E 关系再进行图解积分,可求得 N_{OE}。对于水-煤油-苯甲酸物系,Y_{Et}-X_R 图上分配曲线可实验测绘。

1. 传质单元数 N_{OE}(图解积分法)(以桨叶400r/min为例)

(1) 塔底轻相入口浓度 X_{Rb}

$$X_{Rb} = \dfrac{V_{NaOH} \times N_{NaOH} \times M_{苯甲酸}}{10 \times 800} = \dfrac{10.6 \times 0.01076 \times 122}{10 \times 800} = 0.00174 \text{ (kg/kg)}$$

S 为水流量　　　　　　B 为油流量
Y 为水浓度　　　　　　X 为油浓度
下标 E 为萃取相　　　　下标 t 为塔顶
下标 R 为萃余相　　　　下标 b 为塔底

(2) 塔顶轻相出口浓度 X_{Rt}

$$X_{Rt}=\frac{V_{NaOH}\times N_{NaOH}\times M_{苯甲酸}}{10\times 800}=\frac{5.0\times 0.01076\times 122}{10\times 800}=0.00082\ (kg/kg)$$

(3) 塔顶重相入口浓度 Y_{Et}

本实验中使用自来水，故视 $Y_{Et}=0$

(4) 塔底重相出口浓度 Y_{Eb}

$$Y_{Eb}=\frac{V_{NaOH}\times N_{NaOH}\times M_{苯甲酸}}{25\times 1000}=\frac{19.1\times 0.01076\times 122}{25\times 1000}=0.001\ (kg/kg)$$

在绘有平衡曲线 Y_E-X_R 的图上绘制操作线，因为操作线通过以下两点：

轻入 $X_{Rb}=0.00174$ （kg/kg）

重出 $Y_{Eb}=0.001$ （kg/kg）

轻出 $X_{Rt}=0.00082$ （kg/kg）

重入 $Y_{Et}=0$

在 Y_E-X_R 图上找出以上两点，连结两点即为操作线。在 $Y_E=Y_{ET}=0$ 至 $Y_E=Y_{Eb}=0.001$ 之间，任取一系列 Y_E 值，可在操作线上对应找出一系列的 X_R 值，再在平衡曲线上对应找出一系列的 Y_E^* 值，代入公式计算出一系列的 $\frac{1}{(Y_E^*-Y_E)}$ 值，如表 5-16 所示。

表 5-16　$\frac{1}{Y_E^*-Y_E}$ 计算结果

Y_E	X_R	Y_E^*	$\frac{1}{(Y_E^*-Y_E)}$
0	0.00082	0.000755	1324
0.0001	0.00091	0.00081	1408
0.0002	0.00100	0.000862	1511
0.0003	0.00110	0.00091	1639
0.0004	0.00119	0.00096	1786
0.0005	0.00128	0.000995	2020
0.0006	0.00137	0.00103	2325

续表

Y_E	X_R	Y_E^*	$\dfrac{1}{(Y_E^* - Y_E)}$
0.0007	0.00146	0.00107	2703
0.0008	0.00156	0.00110	3333
0.0009	0.00165	0.00113	4348
0.001	0.00174	0.00116	6250

图 5-43 图解积分图

在直角坐标纸上，以 Y_E 为横坐标，$\dfrac{1}{(Y_E^* - Y_E)}$ 为纵坐标，将上表中的 Y_E 与 $\dfrac{1}{(Y_E^* - Y_E)}$ 系列对应值标绘成曲线（图 5-43）。在 $Y_E = 0$ 至 $Y_E = 0.001$ 之间的曲线以下的面积即为按萃取相计算的传质单元数。

$$N_{OE} = \int_{Y_{Et}}^{Y_{Eb}} \dfrac{dY_E}{(Y_E^* - Y_E)} = 2.46 \text{（见图解积分图）}$$

2. 按萃取相计算的传质单元高度 H_{OE}

$$H_{OE} = H/N_{OE} = 0.75/2.46 = 0.30 \text{（m）}$$

式中，0.75m 指塔釜轻相入口管到塔顶两相界面之间的距离。

3. 按萃取相计算的体积总传质系数

$$K_{YEa} = S/(H_{OE} \times A) = 4/[0.31 \times (\pi/4) \times 0.037^2] = 12007 \text{kg}/(\text{m}^3 \cdot \text{h})$$

萃取塔性能测定数据见表 5-17。煤油-水-苯甲酸系统平衡曲线见图 5-44。

表 5-17 萃取塔性能测定数据

塔型：桨叶式搅拌萃取塔　萃取塔内径：37mm　萃取塔有效高度：0.75m
溶质 A：苯甲酸　稀释剂 B：煤油　萃取剂 S：水　塔内温度 $t = 15$℃
连续相：水　分散相：煤油　流量计转子密度 ρ_f 7900kg/m³
轻相密度 800kg/m³　　重相密度 1000kg/m³

续表

项目			实验序号	
			1	2
桨叶转速/(r/min)			300	400
水转子流量计读数/(L/h)			4	4
煤油转子流量计读数/(L/h)			6	6
校正得到的煤油实际流量/(L/h)			6.804	6.804
浓度分析	NaOH 溶液浓度/(mol/L)		0.01076	0.01076
	塔底轻相 X_{Rb}	样品体积/mL	10	10
		NaOH 用量/mL	10.6	10.6
	塔顶轻相 X_{Rt}	样品体积/mL	10	10
		NaOH 用量/mL	7.5	5.0
	塔底重相 Y_{Bb}	样品体积/mL	25	25
		NaOH 用量/mL	7.9	19.1
计算及实验结果	塔底轻相浓度 X_{Rb}/(kg/kg)		0.00174	0.00174
	塔顶轻相浓度 X_{Rt}/(kg/kg)		0.00123	0.00082
	塔底重相浓度 Y_{Bb}/(kg/kg)		0.000414	0.001
	水流量/(kg/h)		4	4
	煤油流量/(kg/h)		5.44	5.44
	传质单元数 N_{OE}(图解积分)		0.49	2.46
	传质单元高度 H_{OE}		1.53	0.31
	体积总传质系数 K_{YEa}/[kg/(m³·h)]		2433	12007

图 5-44 煤油-水-苯甲酸系统平衡曲线

实验 7　洞道干燥实验仿真

一、实验目的

1. 练习并掌握干燥曲线和干燥速率曲线的测定方法。
2. 练习并掌握物料含水量的测定方法。
3. 通过实验加深对物料临界含水量 X_c 概念及其影响因素的理解。
4. 练习并掌握恒速干燥阶段物料与空气之间对流传热系数的测定方法。
5. 学会用误差分析方法对实验结果进行误差估算。

二、实验内容

1. 在固定空气流量和空气温度条件下，测绘某种物料的干燥曲线、干燥速率曲线和该物料的临界含水量。
2. 测定恒速干燥阶段该物料与空气之间的对流传热系数。

三、实验原理

当湿物料与干燥介质接触时，物料表面的水分开始汽化，并向周围介质传递。根据介质传递特点，干燥过程可分为两个阶段。

第一阶段为恒速干燥阶段。干燥过程开始时，由于整个物料湿含量较大，其物料内部水分能迅速到达物料表面。此时干燥速率由物料表面水分的汽化速率所控制，故此阶段称为表面汽化控制阶段。这个阶段中，干燥介质传给物料的热量全部用于水分的汽化，物料表面温度维持恒定（等于热空气湿球温度），物料表面的水蒸气分压也维持恒定，干燥速率恒定不变，故称为恒速干燥阶段。

第二阶段为降速干燥阶段。当物料干燥其水分达到临界湿含量后，便进入降速干燥阶段。此时物料中所含水分较少，水分自物料内部向表面传递的速率低于物料表面水分的汽化速率，干燥速率由水分在物料内部的传递速率所控制，称为内部迁移控制阶段。随着物料湿含量逐渐减少，物料内部水分的迁移速率逐降低，干燥速率不断下降，故称为降速干燥阶段。

恒速段干燥速率和临界含水量的影响因素主要有：固体物料的种类和性质，固体物料层的厚度或颗粒大小，空气的温度、湿度和流速以及空气与固体物料间的相对运动方式等。

恒速段干燥速率和临界含水量是干燥过程研究和干燥器设计的重要数据。本实验在恒定干燥条件下对帆布物料进行干燥，测绘干燥曲线和干燥速率曲线，目的是掌握恒速段干燥速率和临界含水量的测定方法及其影响因素。

1. 干燥速率测定

$$U = \frac{dW'}{S d\tau} \approx \frac{\Delta W'}{S \Delta \tau} \tag{5-44}$$

式中　U——干燥速率，$kg/(m^2 \cdot h)$；
　　　S——干燥面积（实验室现场提供），m^2；
　　　$\Delta \tau$——时间间隔，h；
　　　$\Delta W'$——$\Delta \tau$ 时间间隔内干燥汽化的水分量，kg。

2. 物料干基含水量

$$X = \frac{G' - G'_c}{G'_c} \tag{5-45}$$

式中　X——物料干基含水量，kg/kg；
　　　G'——固体湿物料的量，kg；
　　　G'_c——绝干物料量，kg。

3. 恒速干燥阶段对流传热系数的测定

$$U_c = \frac{dW'}{Sd\tau} = \frac{dQ'}{r_{t_w} Sd\tau} = \frac{\alpha(t - t_w)}{r_{t_w}}$$

$$\alpha = \frac{U_c \times r_{t_w}}{t - t_w} \tag{5-46}$$

式中　α——恒速干燥阶段物料表面与空气之间的对流传热系数，$W/(m^2 \cdot ℃)$；
　　　U_c——恒速干燥阶段的干燥速率，$kg/(m^2 \cdot s)$；
　　　t_w——干燥器内空气的湿球温度，℃；
　　　t——干燥器内空气的干球温度，℃；
　　　r_{t_w}——t_w ℃下水的汽化热，J/kg。

4. 干燥器内空气实际体积流量的计算

由节流式流量计的流量公式和理想气体的状态方程式可推导出：

$$V_t = V_{t_0} \times \frac{273 + t}{273 + t_0} \tag{5-47}$$

式中　V_t——干燥器内空气实际流量，m^3/s；
　　　t_0——流量计处空气的温度，℃；
　　　V_{t_0}——常压下 t_0 时空气的流量，m^3/s；
　　　t——干燥器内空气的温度，℃。

$$V_{t_0} = C_0 A_0 \sqrt{\frac{2 \times \Delta p}{\rho}} \tag{5-48}$$

$$A_0 = \frac{\pi}{4} d_0^2 \tag{5-49}$$

式中　C_0——流量计流量系数，$C_0 = 0.65$；
　　　d_0——节流孔开孔直径，$d_0 = 0.035 m$；
　　　A_0——节流孔开孔面积，m^2；
　　　Δp——节流孔上下游两侧压力差，Pa；
　　　ρ——孔板流量计处 t_0 时空气的密度，kg/m^3。

四、实验装置基本情况

1. 实验装置流程示意图

见图 5-45。

图 5-45　洞道式干燥器实验装置流程示意图

1—废气排出阀；2—废气循环阀；3—空气进气阀；4—洞道干燥器；5—风机；6—干燥物料；7—称重传感器；
8—干球温度计；9—孔板流量计；10—湿球温度计；11—空气进口温度计；12—加热器；13—干球温度显示仪表；
14—湿球温度显示仪表；15—进口温度显示仪表；16—流量压差显示仪表；17—质量显示仪表

2. 实验装置仪表面板图

见图 5-46。

图 5-46　洞道式干燥器实验装置仪表面板图

五、实验操作方法

1. 打开总电源。

2. 调节空气进气阀 3 全开，启动风机。

3. 通过废气排出阀 1 和废气循环阀 2 调节空气到指定流量后，打开加热开关。在智能仪表中设定干球温度为 70℃，仪表自动调节到指定的温度。

4. 在空气温度、流量稳定条件下，读取称重传感器测定支架的质量并记录下来。

5. 待干球温度稳定后,打开舱门,点击画面上的物品栏,拖动其中的物品放进称重传感器 7 上并与气流平行放置,关闭舱门,开始计时。

6. 在系统稳定状况下,记录干燥时间每隔 3min 时干燥物料减轻的质量,直至干燥物料的质量不再明显减轻为止。

7. 改变空气流量和空气温度,重复上述实验步骤并记录相关数据。

8. 实验结束时,先关闭加热电源,待干球温度降至常温后关闭风机电源和总电源。

六、数据处理

1. 调试实验结果

调试实验数据见表 5-18,表中符号意义如下:

S——干燥面积,m^2; G_C——绝干物料量,g; R——空气流量计的读数,kPa;
t_0——干燥器进口空气温度,℃; t——试样放置处的干球温度,℃;
t_w——试样放置处的湿球温度,℃; G_D——试样支撑架的质量,g;
G_T——被干燥物料和支撑架的总质量,g; G——被干燥物料质量,g;
T——累计的干燥时间,s; X——物料干基含水量,kg/kg;
X_{AV}——两次记录之间被干燥物料的平均含水量,kg/kg;
U——干燥速率,$kg/(s \cdot m^2)$。

表 5-18 实验数据记录及整理结果

空气孔板流量计读数 R:0.55kPa　干燥器进口空气温度 t_0:34.2℃　干球温度 t:70℃
湿球温度 t_w:28.4℃　框架质量 G_D:88.7g　绝干物料量 G_C:32g
干燥面积 S:0.139×0.078×2=0.021684m^2　洞道截面积:0.15×0.2=0.03m^2

序号	累计时间 T/min	总质量 G_T/g	干基含水量 X/(kg/kg)	平均含水量 X_{AV}/(kg/kg)	干燥速率 $U \times 10^4$/[kg/(s·m²)]
1	0	185.3	2.0188	2.0000	3.074
2	3	184.1	1.9813	1.9516	4.868
3	6	182.2	1.9219	1.8938	4.612
4	9	180.4	1.8656	1.8313	5.637
5	12	178.2	1.7969	1.7641	5.380
6	15	176.1	1.7313	1.7000	5.124
7	18	174.1	1.6688	1.6328	5.893
8	21	171.8	1.5969	1.5625	5.637
9	24	169.6	1.5281	1.4953	5.380
10	27	167.5	1.4625	1.4266	5.893
11	30	165.2	1.3906	1.3578	5.380
12	33	163.1	1.3250	1.2922	5.380
13	36	161.0	1.2594	1.2250	5.637
14	39	158.8	1.1906	1.1578	5.380
15	42	156.7	1.1250	1.0922	5.380

续表

序号	累计时间 T/min	总质量 G_T/g	干基含水量 X/(kg/kg)	平均含水量 X_{AV}/(kg/kg)	干燥速率 $U\times 10^4$/[kg/(s·m²)]
16	45	154.6	1.0594	1.0266	5.380
17	48	152.5	0.9938	0.9625	5.124
18	51	150.5	0.9313	0.8984	5.380
19	54	148.4	0.8656	0.8313	5.637
20	57	146.2	0.7969	0.7641	5.380
21	60	144.1	0.7313	0.7016	4.868
22	63	142.2	0.6719	0.6406	5.124
23	66	140.2	0.6094	0.5797	4.868
24	69	138.3	0.5500	0.5188	5.124
25	72	136.3	0.4875	0.4609	4.355
26	75	134.6	0.4344	0.4109	3.843
27	78	133.1	0.3875	0.3703	2.818
28	81	132.0	0.3531	0.3359	2.818
29	84	130.9	0.3188	0.3063	2.050
30	87	130.1	0.2938	0.2813	2.050
31	90	129.3	0.2688	0.2563	2.050
32	93	128.5	0.2438	0.2328	1.793
33	96	127.8	0.2219	0.2125	1.537
34	99	127.2	0.2031	0.1938	1.537
35	102	126.6	0.1844	0.1766	1.281
36	105	126.1	0.1688	0.1609	1.281
37	108	125.6	0.1531	0.1453	1.281
38	111	125.1	0.1375	0.1297	1.281
39	114	124.6	0.1219	0.1141	1.281
40	117	124.1	0.1063	0.1000	1.025
41	120	123.7	0.0938	0.0875	1.025
42	123	123.3	0.0812	0.0781	0.512
43	126	123.1	0.0750	0.0734	0.256
44	129	123.0	0.0719	0.0359	

2. **数据计算举例**

以表 5-18 中第 i 和 $i+1$ 组数据为例

被干燥物料的质量 G：
$$G_i = G_{T,i} - G_D \tag{5-50}$$
$$G_{i+1} = G_{T,i+1} - G_D \tag{5-51}$$

被干燥物料的干基含水量 X：
$$X_i = \frac{G_i - G_c}{G_c} \tag{5-52}$$
$$X_{i+1} = \frac{G_{i+1} - G_c}{G_c} \tag{5-53}$$

物料平均含水量 X_{AV}

$$X_{AV} = \frac{X_i + X_{i+1}}{2} \tag{5-54}$$

平均干燥速率
$$U = \frac{G_c \times 10^{-3}}{S} \times \frac{dX}{dT} = \frac{G_c \times 10^{-3}}{S} \times \frac{X_{i+1} - X_i}{T_{i+1} - T_i} \tag{5-55}$$

干燥曲线 X-T 曲线，用 X、T 数据进行标绘，见图 5-47。

干燥速率曲线 U-X 曲线，用 U、X_{AV} 数据进行标绘，见图 5-48。

图 5-47　干燥曲线

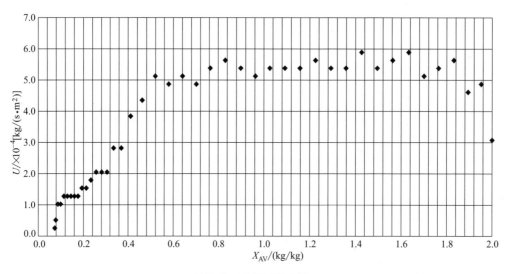

图 5-48　干燥速率曲线

恒速阶段空气至物料表面的对流传热系数

$$\alpha = \frac{Q}{S \times \Delta t} = \frac{U_c \gamma_{t_w}}{t - t_w} \tag{5-56}$$

流量计处体积流量 V_{t_0} 用其回归式算出。

由流量公式（5-48）计算
$$V_{t_0} = C_0 \times A_0 \times \sqrt{\frac{2 \times \Delta p}{\rho_{t_0}}}$$

其中 C_0——孔板流量计孔流系数，$C_0=0.65$；
A_0——孔的面积，m^2；
d_0——孔板孔径，$d_0=0.040m$；
Δp——孔板两端压差，kPa；
V_{t_0}——空气入口温度（及流量计处温度）下的体积流量，m^3/h；
ρ_{t_0}——空气入口温度（及流量计处温度）下密度，kg/m^3。

干燥试样放置处的空气流量 $$V=V_{t_0}\times\frac{273+t}{273+t_0} \tag{5-57}$$

干燥试样放置处的空气流速
$$u=\frac{V}{3600\times A} \tag{5-58}$$

以表 5-18 实验数据为例进行计算

$i=1$ $i+1=2$ $G_{T,i}=185.3g$ $G_{T,i+1}=184.1g$ $G_D=88.7g$

由式（5-50）、式（5-51）得：$G_i=96.6g$ $G_{i+1}=95.4g$ $G_C=32g$

由式（5-52）、式（5-53）得：$X_i=2.0188$（kg/kg）

$X_{i+1}=1.9813$（kg/kg）

由式（5-54）得：$X_{AV}=2.0000$（kg/kg）

$S=2\times0.139\times0.078=0.02168$（$m^2$）

$T_i=0s$，$T_{i+1}=180s$

由式（5-55）得：$U=3.074\times10^{-4}$ [kg/(s·m^2)]

第 6 章 化工原理实验数据的计算机处理

6.1 Excel 基础知识

6.1.1 在单元格中输入公式

【例】 试计算 $3.14159/28\times5^6\times10^3\times10^{-3}$

方法：在任意单元格中输入"＝3.14159/28 * 5^6 * 1e3 * 1e-3"，结果为 1753。

注意：①一定不要忘记输入等号"＝"；②公式中需用括号时，只允许用"（）"，不允许用"｛｝"或"［］"。

提醒：①若公式中包括函数，可通过"插入"菜单下的选"函数"命令得到；②1e3 $\Leftrightarrow$ 10^3；1e-3 $\Leftrightarrow$ 10^{-3}。

6.1.2 处理化工原理实验数据时常用的函数

(1) POWER（number，power）$\Leftrightarrow$ $number^{power}$。

提醒：可以用"^"运算符代替函数 POWER 来表示对底数乘方的幂次，例如 5^2。

(2) SQRT（number）$\Leftrightarrow$ $\sqrt{number}$，EXP（number）$\Leftrightarrow$ e^{number}

(3) LN（number）$\Leftrightarrow$ ln（number），LOG10（number）$\Leftrightarrow$ lg（number）

6.1.3 在单元格中输入符号

【例】 在单元格 A1 中输入符号"λ"

方法一：打开"插入"菜单→选"符号"命令插入希腊字母 λ。

提醒：无论要输入什么符号，都可以通入"插入"菜单下的"符号"或"特殊符号"命令得到。

方法二：打开任意一种中文输入法，用鼠标单击键盘按钮，选择希腊字母，得到希腊字母键盘，用鼠标单击 λ 键。

6.2 Excel 处理基本化工原理实验数据示例

6.2.1 流体流动阻力实验

1. 原始数据

实验原始数据如图 6-1 所示。

图 6-1 流体流动阻力实验原始数据

2. 数据处理

（1）物性数据

查得 18.5℃下水的密度与黏度分别为 998.5kg/m³ 和 1.0429mPa·s。

（2）数据处理的计算过程

① 插入 2 个新工作表

插入 2 个新工作表并分别命名为"中间运算表"和"结果表"，将"原始数据表"中第 7 至 18 行内容复制至"中间运算表"。

② 中间运算过程

在 C4：P4 单元格区域内输入公式。

◆ 在单元格 G4 中输入公式"=C4-D4"——计算直管压差计读数（R_1）；

◆ 在单元格 H4 中输入公式"=E4-F4"——计算局部压差计读数（R_2）；

◆ 在单元格 I4 中输入公式"=B4/324.15"——计算管路流量（$q_V=F/\xi$）；

◆ 在单元格 J4 中输入公式"=4*I4*1e-3/3.14159/(0.021^2)"——计算流体在直管内的流速 $[u=4q_V/(\pi d^2)]$；

◆ 在单元格 K4 中输入公式"=4*I4*1e-3/3.14159/(0.032^2)"——计算流体在与闸阀相连的直管中的流速 $[u=4q_V/(\pi d^2)]$；

◆ 在单元格 L4 中输入公式"=(13600－998.5)*G4/998.5"——计算流体流过长为 2m，内径为 21mm 直管的阻力损失 $(h_{f1}=\Delta p/\rho=(\rho_i-\rho)gR_1/\rho)$；

◆ 在单元格 M4 中输入公式"=(1477.5－998.5)*H4/998.5"——计算流体流过闸阀的阻力损失 $(h_{f2}=(\rho g\Delta z+\Delta p)/\rho=(\rho_{i2}-\rho)gR_2/\rho)$；

◆ 在单元格 N4 中输入公式"=L4*0.021/2*2/(J4^2)*1e2"——计算摩擦系数 $[\lambda=h_{f1}\times(d_1/l)\times(2/u_1^2)]$；

◆ 在单元格 O4 中输入公式"=M4*2/(K4^2)"——计算局部阻力系数 $(\zeta=2h_{f2}/u_2^2)$；

◆ 在单元格 P4 中输入公式"=0.021*J4*998.5/1.0429e-3*1e-4"——计算流体在直管中流动的雷诺准数 $\left(R_e=\dfrac{d_1u_1\rho}{\mu}\right)$。

选定 I4：P4 单元格区域（如图 6-2 所示），再用鼠标拖动 P4 单元格下的填充柄（单元格右下方的"＋"号）至 P13，复制单元格内容，结果见图 6-3。

图 6-2 选定单元格 I4：P4

图 6-3 复制 I4：P4 单元格内容后的结果

③ 运算结果

将"中间运算表"中 A4：A13，N4：N13，O4：O13，P4：P13 单元格区域内容复制至"结果表"，并添加 E 列与 F 列，其中 E2＝B2＊1e4，F2＝C2＊100，运算结果见图 6-4。

图 6-4　流体流动阻力实验结果表

(3) 实验结果的图形表示——绘制 λ-Re 双对数坐标图

① 打开图表向导

选定 E2：F11 单元格区域，点击工具栏上的"图表向导"(图 6-5)，得到"图表向导—4 步骤之 1—图表类型"对话框 (图 6-6)。

图 6-5　图表向导

② 创建 λ-Re 图

◆ 点击"下一步"，得到"图表向导—4 步骤之 2—图表源数据"对话框 (图 6-7)。若

图 6-6　图表向导之步骤一

图 6-7　图表向导之步骤二

系列产生在"行",改为系列产生在"列"。

◆ 点击"下一步",得到"图表向导—4 步骤之 3—图表选项"对话框(图 6-8),在数值 x 值下输入 Re,在数值 y 值下输入 λ。

◆ 点击"下一步",得到"图表向导—4 步骤之 4—图表位置"对话框(图 6-9),点击"完成",得到直角坐标下的"λ-Re"图(图 6-10)。

图 6-8 图表向导之步骤三

图 6-9 图表向导之步骤四

图 6-10 λ-Re 关系图

图 6-11 结果图

③ 修饰 λ-Re 图

◆ 清除网格线和绘图区填充效果——选定"数值 Y 轴主要网格线",点击 Del 键,选定绘图区,点 Del 键,结果见图 6-11。

◆ 将 X、Y 轴的刻度由直角坐标改为对数坐标——选定 X 轴,点右键,选择坐标轴格式得到"坐标轴格式"对话框,根据 Re 的数值范围改变"最小值"、"最大值",并将"主要刻度"改为"10",并选中"对数刻度",从而将 X 轴的刻度由直角坐标改为对数坐标(图 6-12)。同理将 Y 轴的刻度由直角坐标改为对数坐标,改变坐标轴后得到结果图(图 6-13)。

◆ 用绘图工具绘制曲线——打开"绘图工具栏"(方法:点击菜单上的"视图"→选择"工具栏"→选择"绘图"命令),单击"自选图形"→指向"线条"→再单击"曲线"命令(图 6-14),绘制曲线(方法:单击要开始绘制曲线的位置,再继续移动鼠标,然后单击要添加曲线的任意位置。若要结束绘制曲线,请随时双击鼠标),得到最终结果图(图 6-15)。

图 6-12　坐标轴格式对话框

图 6-13　将 X、Y 轴改为对数刻度

图 6-14　打开曲线工具

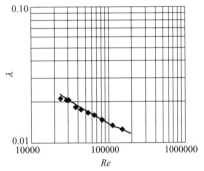

图 6-15　λ-Re 关系图

6.2.2　离心泵特性曲线测定实验

1. 原始数据

实验原始数据如图 6-16 所示。

图 6-16　离心泵性能测定实验原始数据

2. 数据处理

（1）物性数据

查得 18.6℃ 下水的密度为 998.2kg/m³。

（2）实验数据处理的计算过程

① 插入 2 个新工作表

插入 2 个新工作表并分别命名为"中间结果"和"结果与图"，将"原始数据"中第 6 至 22 行内容复制至"中间结果"表。

② 中间运算过程

在 F4：L4 单元格区域内输入公式。

◆ 在单元格 F4 中输入公式 "=B4/320.40"——计算流量（$q_v = F/\zeta$）；

◆ 在单元格 J4 中输入公式 "=4*F4*1e-3/3.14159/(0.04^2)"——计算流体在吸入管路中的流速（$u_1 = 4q_V/\pi d_1^2$）；

◆ 在单元格 H4 中输入公式 "=4*F4*1e-3/3.14159/(0.032^2)"——计算流体在压出管路中的流速（$u_2 = 4q_V/\pi d_2^2$）；

◆ 在单元格 I4 中输入公式 "=（C4+D4）*1e6/998.2/9.81+（H4^2-G4^2）/2/9.81"——计算扬程 $\left(H_e = \dfrac{p_{真} + p_{压}}{\rho g} + \dfrac{u_2^2 - u_1^2}{2g}\right)$；

◆ 在单元格 J4 中输入公式 "=15*E4*1e-3"——计算轴功率 P_a；

◆ 在单元格 K4 中输入公式 "=998.2*9.81*F4*1e-3*I4*1e-3"——计算有效功率（$\eta = \rho g q_V H_e$）；

◆ 在单元格 L4 中输入公式 "=K4/J4*100"——计算效率（$\eta = P_e/P_a$）；

选定 G4：L4 单元格区域，再用鼠标拖动 L4 单元格下的填充柄至 L18。完成单元格内容的复制，运算结果见图 6-17。

序号	流量 /×10⁻³m³·s⁻¹	$u_入$ /m·s⁻¹	$u_出$ /m·s⁻¹	He /m	Pa /kW	Pe /kW	η /%
1	3.745	2.98	4.66	17.16	1.250	0.629	50.4
2	3.558	2.83	4.42	17.69	1.214	0.616	50.8
3	3.371	2.68	4.19	18.11	1.173	0.598	51.0
4	3.180	2.53	3.95	18.68	1.152	0.582	50.5
5	2.996	2.38	3.73	19.13	1.128	0.561	49.7
6	2.809	2.24	3.49	19.59	1.104	0.539	48.8
7	2.609	2.08	3.24	20.08	1.068	0.513	48.0
8	2.431	1.93	3.02	20.47	1.040	0.487	46.9
9	2.185	1.74	2.72	20.80	0.993	0.445	44.8
10	1.876	1.49	2.33	21.17	0.930	0.389	41.8
11	1.561	1.24	1.94	21.50	0.869	0.329	37.8
12	1.267	1.01	1.58	21.60	0.807	0.268	33.2
13	0.602	0.48	0.75	21.24	0.650	0.125	19.3
14	0.375	0.30	0.47	21.21	0.597	0.078	13.0
15	0.028	0.02	0.03	21.83	0.528	0.006	1.1

图 6-17 离心泵性能测定运算结果

(3) 实验数据的图形表示

① 准备绘图要用的原始数据

将"中间结果"工作表中的 F、I、J、L 列数据复制至"结果与图"工作表（图 6-18）。

序号	流量 /×10⁻³m³·s⁻¹	He /m	Pa /W	η /%
1	3.745	17.2	1.250	50.4
2	3.558	17.7	1.214	50.8
3	3.371	18.1	1.173	51.0
4	3.180	18.7	1.152	50.5
5	2.996	19.1	1.128	49.7
6	2.809	19.6	1.104	48.8
7	2.609	20.1	1.068	48.0
8	2.431	20.5	1.040	46.9
9	2.185	20.8	0.993	44.8
10	1.876	21.2	0.930	41.8
11	1.561	21.5	0.869	37.8
12	1.267	21.6	0.807	33.2
13	0.602	21.2	0.650	19.3
14	0.375	21.2	0.597	13.0
15	0.028	21.833	0.528	1.137

图 6-18　离心泵的性能参数

② 创建泵特性曲线

选择单元格区域 B4：E18，按图表向导作图（图 6-19）。

③ 修饰泵特性曲线

◆ 将轴功率置于次坐标轴——选定系列 2（轴功率-流量关系曲线），单击鼠标右键，选择"数据系列格式"，得到"数据系列格式"对话框（图 6-20），打开"坐标轴"选项，选择"次坐标轴"，得到图 6-21。

◆ 添加标题——将鼠标置于"绘图区"，菜单栏上显示"图表"菜单→点击"图表选项"命令，得到"图表选项"对话框（图 6-22）。

图 6-19　泵特性曲线草图

图 6-20　次坐标轴的选定

图 6-21 将 P_a-q_V 曲线置于次坐标轴后的结果

图 6-22 添加标题

◆ 添加实验条件、图例，得到泵特性曲线结果图（图 6-23）。

图 6-23 泵特性曲线结果图

6.2.3 过滤实验

1. 原始数据

原始数据见图 6-24。

	A	B	C	D
1	过滤圆盘直径：13.7 cm		过滤压力/atm	0.92
2				
3	序号	过滤时间差 $\Delta\tau/s$	滤液量 $\Delta V/ml$	
4				
5	1	20.8	200	
6	2	26.5	100	
7	3	30.75	100	
8	4	43.17	100	
9	5	51.25	100	
10	6	53.2	100	
11	7	68.9	100	

图 6-24 过滤实验原始数据

2. 数据处理

（1）方法一

依据：$\dfrac{\tau-\tau_1}{q-q_1}=\dfrac{1}{K}(q+q_1)+\dfrac{2}{K}q_e$

① 中间运算过程与结果

◆ 在单元格 D5 中输入："=C5+D4"，并将该公式复制至"D6：D11"；求累积滤液体积；

◆ 在单元格 E5 中输入："=B5+E4"，并将该公式复制至"E6：E11"；

◆ 在单元格 F5 中输入："=D5*1e-6/＄B＄2"，并将该公式复制至"F6：F11"；

◆ 在单元格 G6 中输入："=F6+＄F＄5"，并将该公式复制至"G7：G11"；

◆ 在单元格 H6 中输入："=(E6－＄E＄5)/(F6－＄F＄5)"，并将该公式复制至"H7：H11"。

实施以上步骤后得到图 6-25。

	A	B	C	D	E	F	G	H
1	方法一							
2	过滤面积A	0.0141 m²						
3	序号	过滤时间差 $\Delta\tau/s$	滤液量 $\Delta V/ml$	V/mL	τ/s	q/m	q+q₁/m	$(\tau-\tau_1)/(q-q_1)$ /s·m⁻¹
4	0	0	0	0	0	0.00000	-	
5	1	20.8	200	200	20.8	0.01418		
6	2	26.5	100	300	47.3	0.02127	0.03545	3737
7	3	30.75	100	400	78.05	0.02836	0.04255	4037
8	4	43.17	100	500	121.22	0.03545	0.04964	4721
9	5	51.25	100	600	172.47	0.04255	0.05673	5347
10	6	53.2	100	700	225.67	0.04964	0.06382	5778
11	7	68.9	100	800	294.57	0.05673	0.07091	6435

图 6-25 恒压过滤实验数据处理结果

图 6-26 创建 $(\tau-\tau_1)/(q-q_1)\sim(q+q_1)$ 关系曲线

② 创建 $(\tau-\tau_1)/(q-q_1)$-$(q+q_1)$ 图

以 G6：H11 单元格区域内容作图，结果见图 6-26。

③ 添加趋势线与趋势方程

◆ 单击数据系列，菜单栏上显示"图表"菜单→点击该菜单下的"添加趋势线"命令，得到"添加趋势线"对话框（图 6-27）。

◆ 在"类型"选项卡上，单击"线性"选项；打开"选项"选项卡，选中"显示公式"与"显示 R 平方值"选项，如图 6-28 所示；单击"确定"按钮，得到图 6-29。

◆ 将 y 改成 $(\tau-\tau_1)/(q-q_1)$，x 改成 $(q+q_1)$，得到最终结果图（图 6-30）。

图 6-27 "添加趋势线"对话框

图 6-28 添加趋势线之选项卡

图 6-29 添加趋势线后的过滤实验结果图

图 6-30 经修饰后的过滤实验最终结果图

④ 求恒压过滤常数

因 $\dfrac{\tau-\tau_1}{q-q_1}=\dfrac{1}{K}(q+q_1)+\dfrac{2}{K}q_e$，而实验结果为 $\dfrac{\tau-\tau_1}{q-q_1}=77924(q+q_1)+865.07$，所以 $\dfrac{1}{K}=77924$，$\dfrac{2}{K}q_e=865.07$，解得：$K=1.283\times 10^{-5}\,\mathrm{m^2/s}$，$q_e=5.551\times 10^{-3}\,\mathrm{m^3/m^2}$。

（2）方法二

依据：$\dfrac{\Delta\tau}{\Delta q}=\dfrac{2}{K}q+\dfrac{2}{K}q_e$

① 中间运算过程与结果

◆ 在单元格 D31 中输入："=C31*1e-6/＄B＄28"，并将该公式复制至"D32：D37"；
◆ 在单元格 E31 中输入："=D31+E30"，并将该公式复制至"E32：E37"；
◆ 在单元格 F32 中输入："=(E32+E31)*0.5"，并将该公式复制至"F33：F37"；
◆ 在单元格 G32 中输入："=B32/D32"，并将该公式复制至"G33：G37"。

实施以上步骤后得到图 6-31。

图 6-31 用方法二计算所得过滤实验计算结果

② 创建 $\Delta\tau/\Delta q$-q 图，添加趋势线与趋势方程（图 6-32）

图 6-32 用方法二计算所得过滤实验最终结果图

③ 求恒压过滤常数

因 $\dfrac{\Delta \tau}{\Delta q} = \dfrac{2}{K}q + \dfrac{2}{K}q_e$，而实验结果为 $\dfrac{\Delta \tau}{\Delta q} = 163329q + 644.05$，所以 $\dfrac{2}{K} = 163329$，$\dfrac{2}{K}q_e = 644.05$，解得：$K = 1.225 \times 10^{-5} \, \text{m}^2/\text{s}$，$q_e = 3.943 \times 10^{-3} \, \text{m}^3/\text{m}^2$。

6.2.4 空气-水套管换热实验

1. 原始数据

原始数据如图 6-33 所示。

图 6-33 空气-水套管换热实验原始数据

2. 数据处理

（1）物性数据

◆ 空气的黏度
$$\mu = 5.0153 + 4.8062 \times 10^{-2} T - 1.0967 \times 10^{-5} T^2$$

◆ 空气的导热系数
$$\lambda = 0.00512 + 7.234 \times 10^{-5} T - 9.2207 \times 10^{-9} T^2$$

◆ 空气的热容
$$c_p = 29.381 - 4.6652 \times 10^{-3} T + 1.5957 \times 10^{-5} T^2 - 1.0258 \times 10^{-8} T^3 + 2.0656 \times 10^{-12} T^4$$

（2）计算过程

① 计算空气的质量流量，主体温度下的黏度、导热系数、热容、对数平均推动力及传热速率

◆ 在单元格 J9 中输入"=(101000+(C9−D9)*13.6)*0.029/8.314/(273.15+G9)"——计算空气的密度（$\rho = pM/RT$）；

◆ 在单元格 K9 中输入"=B9*J9/3600"——计算空气的质量流量（$q_m = \rho q_V$）；

◆ 在单元格 L9 中输入"=(H9+I9)*0.5"——计算空气的主体温度 [$t = 0.5(t_1 + t_2)$]；

◆ 在单元格 M9 中输入 "=L9+273.15"——将空气的温度单位由摄氏度转化为开尔文；

◆ 在单元格 N9 中输入 "=5.0153+0.048062*M9-0.000010967*M9^2"——计算空气的黏度；

◆ 在单元格 O9 中输入 "=0.00512+7.2342e-5*M9-9.2207e-9*M9^2"——计算空气的导热系数；

◆ 在单元格 P9 中输入

"=(29.381-4.6652e-3*M9+1.5957e-5*M9^2-1.0258e-8*M9^3+2.0656e-12*M9^4)/29"——计算空气的热容；

◆ 在单元格 Q9 中输入

"=K9*P9*(H9-I9)"——计算传热速率 $[Q=q_{m2}C_{p2}(t_2-t_1)]$；

◆ 在单元格 R9 中输入

"=((H9-F9)-(I9-E9))/LN((H9-F9)/(I9-E9))"——计算对数平均推动力 $\left[\Delta t_m = \dfrac{(T_1-t_2)-(T_2-t_1)}{\ln\dfrac{T_1-t_2}{T_2-t_1}}\right]$；

选定 J9：R9 单元格区域，再用鼠标拖动 J9 单元格下的填充柄至 J13，完成单元格内容的复制，运算结果见图 6-34。

	J	K	L	M	N	O	P	Q	R
6	计前空气密度	质量流量	主体温度	主体温度	主体温度下的空气物性			Q/kW	Δtm/℃
7					粘度	导热系数	热容		
8	/kg.m⁻³	/kg.s⁻¹	/℃	/K	/μPa.s	/W.m⁻¹.K⁻¹	/kJ.kg⁻¹.K⁻¹		
9	1.213	0.01719	63.50	336.7	19.95	0.0284	1.0088	0.607	35.98
10	1.220	0.01389	62.65	335.8	19.92	0.0284	1.0087	0.514	34.73
11	1.225	0.01054	61.95	335.1	19.89	0.0283	1.0086	0.405	33.77
12	1.229	0.00854	61.30	334.5	19.86	0.0283	1.0085	0.339	32.92
13	1.236	0.00515	60.70	333.9	19.84	0.0282	1.0085	0.211	32.12

图 6-34 空气-水套管换热实验数据处理中间结果 1

② 计算空气侧对流给热系数、雷诺准数、努塞尔准数

◆ 在单元格 H20 中输入 "=F20*1e3/(3.14159*0.026*2*G20)"——计算空气侧对流给热系数 $\left(K=\dfrac{Q}{A\Delta t_m},\ \alpha\approx K\right)$；

◆ 在单元格 I20 中输入 "=E20*1e3*C20*1e-6/D20"——计算空气的普兰特准数 ($P_r=c_p\mu/\lambda$)；

◆ 在单元格 J20 中输入 "=H20*0.026/D20"——计算空气的努塞尔准数 ($N_u=\alpha d/\lambda$)；

◆ 在单元格 K20 中输入 "=4*B20/(3.14159*0.026*C20*1e-6)"——计算空气的雷诺准数 $[Re=4q_m/(\pi d\mu)]$；

◆ 在单元格 L20 中输入 "=J20/I20^0.3"——计算 $N_u/P_r^{0.3}$；

选定 H20：L20 单元格区域，再用鼠标拖动 L20 单元格下的填充柄至 L24，完成单元格内容的复制，运算结果见图 6-35。

图 6-35　空气-水套管换热实验数据处理中间结果 2

（3）实验结果的图形表示及准数方程的确定

以单元格区域 L20：L24 对 K20：K24 作图，并添加乘幂趋势线，显示趋势线方程和 R^2 值，结果见图 6-36（a）。因 $Nu/Pr^{0.3}=ARe^n$，所以 $A=0.0253$，$n=0.7848$；也可以 $\ln(Nu/Pr^{0.3})$ 对 $\ln Re$ 作散点图，通过线性回归求 A 和 n ［图 6-36（b）］，比较式 $\ln Nu = \ln A + n\ln Re$ 与式 $\ln Nu = 0.7848\ln Re - 3.6778$，得 $n=0.7848$，$A=e^{-3.6778}=0.0253$。

(a) 添加乘幂趋势线　　(b) 线性回归预测

图 6-36　空气-水套管换热实验结果图示

6.2.5　全回流精馏实验

1. 用 Excel 拟合乙醇-水溶液常压相平衡数据

汽液相平衡数据的拟合方程

◆ $x = 0.10760y$　$(0 \leqslant y \leqslant 0.1868)$　　　　　　　　　　　　　　　　　　　　　(6-1)

◆ $x = 0.191908 - 2.58997y + 13.56030y^2 - 29.3194y^3 + 24.5361y^4$　　　　　(6-2)

$R^2 = 0.99974$　$(0.1868 \leqslant y \leqslant 0.5955)$

◆ $x = -4.47867 + 15.26594y - 15.35181y^2 + 5.59208y^3$　　　　　　　　　　(6-3)

$R^2=0.99993$ （$0.5955 \leqslant y \leqslant 0.8941$）

2. 实验原始数据

某位同学所得实验数据如下：$x_D=0.821$（摩尔分数，下同），$x_W=0.052$，实际板数 $N=15$。

3. 逐板计算法求全塔理论板数

◆ 启动 Excel 软件，新建一个文件，预先建立实验数据表，在单元格区域 B1、C1、B2、C2 中分别输入 "x"、"y"、"0.821"、"0.821"；

◆ 在单元格 C3 中输入公式："=B2"，即由 x_D 计算 y_1；

◆ 在单元格 D3、E3、F3 中分别输入：

"=0.1076 * C3"；

"=0.19191－2.58997 * C3+13.56030 * C3^2－29.31940 * C3^3+24.53606 * C3^4"；

"=－4.47867+15.26594 * C3－15.35181 * C3^2+5.59208 * C3^3"。

——平衡线方程 $x_n=f(y_n)$。这样做的目的是使下面的 if 表达式较为简洁。

◆ 在单元格 B3 中输入：

"=IF(INT(A3/2)<>A3/2,C3,IF(C3<0.1868,D3,IF(C3<0.5955,E3,F3)))"

该公式是根据点（B3，C3）是位于相平衡线上还是操作线上来确定 x 的值。如果不需要将计算结果绘图，则可将上面的公式改为："=IF（C3<0.1868，D3，IF（C3<0.5955，E3，F3））"

◆ 选中 C3 单元格，将鼠标移到右下角拖拉手柄处，当出现 "+" 时按住左键向下拖拉至 C16，以将 C3 的公式复制到 C4：C16，同前法拖拉即可在单元格区域 D4：D16、E4：E16、F4：F16、B4：B16 中分别复制单元格 D3、E3、F3、B3 的公式，计算出相应数据，如图 6-37 所示。需要说明的是，从计算结果看计算至第 15 行就可以结束，因 B15<0.052，但为了能绘制出完整的梯级，多计算了一行。

计算过程共用了 7 次相平衡方程，且最后一次用相平衡方程所得平衡级成小于 x_W，故全塔所需理论板数 $N_T=7$ 块；全塔效率 $E_T=6/15=0.40=40\%$。

	A	B	C	D	E	F
1		x	y			
2	1	0.8210	0.8210	[0,0.1868]	[0.1868,0.5955]	[0.5955,0.8941]
3	2	0.8015	0.8210	0.0883	2.1283	0.8015
4	3	0.8015	0.8015	0.0862	1.8567	0.7742
5	4	0.7742	0.8015	0.0862	1.8567	0.7742
6	5	0.7742	0.7742	0.0833	1.5244	0.7336
7	6	0.7336	0.7742	0.0833	1.5244	0.7336
8	7	0.7336	0.7336	0.0789	1.1205	0.6663
9	8	0.6663	0.7336	0.0789	1.1205	0.6663
10	9	0.6663	0.6663	0.0717	0.6494	0.5317
11	10	0.5317	0.6663	0.0717	0.6494	0.5317
12	11	0.5317	0.5317	0.0572	0.2022	0.1386
13	12	0.2022	0.5317	0.0572	0.2022	0.1386
14	13	0.2022	0.2022	0.0218	0.0213	-1.9735
15	14	0.0213	0.2022	0.0218	0.0213	-1.9735
16	15	0.0213	0.0213	0.0023	0.1427	-4.1610

图 6-37 逐板计算结果

4. 逐板计算结果的图示

为了直观形象地表示逐板计算结果，可利用 Excel 的绘图功能来实现，操作步骤如下。

◆ 打开 sheet2，在 A1、B1 单元格中输入列标题 "x"、"y"，在 A 列、B 列中输入表 1 中所列的气液相平衡组成数据；

◆ 将 sheet1 中的列 B、C 的内容复制至 sheet2 中的 C、D 两列；

◆ 在单元格 F2、F3 中输入 0、1，在 G2、G3 中输入 0、1——绘制对角线 $y=x$；

◆ 在单元格 F5、F6 中输入 0.6、0.6，在 G5、G6 中输入 0、1——绘制直线 $x=0.6$；

◆ 在单元格 F8、F9 中输入 0.052、0.052，在 G8、G9 中输入 0、0.4——绘制直线 $x=x_W$；

◆ 在单元格 F11、F12 中输入 0.821、0.821，在 G11、G12 中输入 0、0.821——绘制直线 $x=x_D$。

以上 6 步输入的数据表 sheet2 如图 6-38 所示。

图 6-38 全回流精馏实验数据结果

◆ 选择 A2：B22 单元格区域，利用图表向导绘制 x、y 散点图——相平衡曲线；

◆ 选中绘图区，单击鼠标右键选择数据源选项，添加 5 个系列，为各系列选择 x、y 值的数据区域，即得图 6-39 所示梯级图。各系列的 x、y 区域如下。

系列 2：$x=$Sheet2！\$C\$2：\$C\$16，$y=$Sheet2！\$D\$2：\$D\$16——梯级；

系列 3：$x=$Sheet2！\$F\$2：\$F\$3，$y=$Sheet2！\$G\$2：\$G\$3——对角线；

系列 4：$x=$Sheet2！\$F\$5：\$F\$6，$y=$Sheet2！\$G\$5：\$G\$6——直线 $x=0.6$；

系列 5：$x=$Sheet2！\$F\$8：\$F\$9，$y=$Sheet2！\$G\$8：\$G\$9——直线 $x=x_W$；

系列 6：$x=$Sheet2！\$F\$11：\$F\$12，$y=$Sheet2！\$G\$11：\$G\$12——直线 $x=x_D$。

◆ 由图 6-39 知在高浓度区域梯级较小，为便于观察，可将高浓度区域部分放大，如图 6-40 所示。

图 6-39　全回流精馏实验图示计算结果

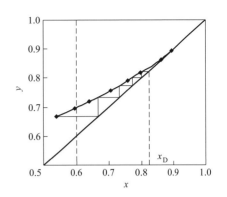

图 6-40　全回流精馏实验高浓度区放大图

6.2.6　部分回流精馏实验

1. 原始数据

某同学所做乙醇-水部分回流实验结果为：

精馏段操作方程　　　　　　$y_{n+1}=0.667x_n+0.256$

提馏段操作方程　　　　　　$y_{n+1}=4.208x_n-0.069$

馏出液、釜液中轻组分组成分别为 $x_D=0.769$，$x_W=0.0216$。

2. 数据处理

(1) 求精馏段与提馏段操作线的交点坐标

在 E2：G4 单元格区域输入图 6-41 所示数据。选择 H3：H4，输入"=MMULT（MINVERSE（E3：F4），G3：G4）"，再按"CTRL+SHIFT+ENTER"，得到交点坐标，$x_q=0.092$，$y_q=0.317$，见图 6-41。

图 6-41　求精馏段、提馏段操作线的交点坐标

(2) 用逐板计算法求理论塔板数

◆ 在 C9：C18 单元格区域中分别填充 0，1，2，3，4，5，6，7，8，9——计算理论塔板数；

◆ 在 D8、E8 单元格中分别输入 x，y；在 D9、E9 单元格中分别输入 0.7690、0.7690——即点 (x_D，x_D)；

◆ 在 E10 单元格中输入"=D9"——$y_1 = x_D$；

◆ 在 D10 单元格中输入"=IF(E10>0.5955,H10,IF(E10>0.1868,G10,F10))"，并将该公式复制至 D11：D18——据平衡线方程 $x_n = f(y_n)$，由 y_n 求 x_n；

◆ 在 F10 中输入"=0.1076*E10"，并将该公式复制至 F11：F18——平衡线方程 $x_n = f(y_n)$；

◆ 在 G10 中输入
"=0.191908-2.58997*E10+13.5603*E10^2-29.3194*E10^3+24.5361*E10^4"，并将该公式复制至 G11：D18——平衡线方程 $x_n = f(y_n)$；

◆ 在 H10 中输入"=-4.47867+15.26594*E10-15.35181*E10^2+5.59208*E10^3"，并将该公式复制至 H11：H18——平衡线方程 $x_n = f(y_n)$；

◆ 在 E11 中输入"=IF(D10>0.092,0.667*D10+0.256,4.208*D10-0.069)"，并将该公式复制至 E12：D18——据操作线方程 $y_{n+1} = ax_n + b$，由 x_n 求 y_{n+1}，当 $x_n \geq x_q$ 时，用精馏段操作方程计算，否则，用提馏段操作方程计算；

实施以上各步后得到图 6-42。由此图知，理论板数为 9，则全塔效率 $E_T = 8/15 = 53.3\%$。

图 6-42 用逐板计算法求部分回流时的理论塔板数

6.2.7 干燥实验

1. 原始数据

原始数据如图 6-43 所示。

2. 数据处理

(1) 数据数据处理结果的表格表示

◆ 在单元格 E11 中输入 0，在单元格 E12 中"=C12+E11"，并将该公式复制至"E12：E21"——计算干燥时间；

◆ 在单元格 F11 中输入"=(D11-10.12)/10.12"，并将该公式复制至"F12：F21"——计算物料的干基含水量；

◆ 在单元格 G12 中输入"=0.5*(F12+F11)"，并将该公式复制至"G13：G21"——计算间隔平均含水量；

图 6-43 干燥实验原始数据

◆ 在单元格 H12 中输入："=B12*1e-3/(0.0117*C12)*1e4"，并将该公式复制至 "H13：H21"——计算干燥速率。

实施以上步骤后得到图 6-44。

	A	B	C	D	E	F	G	H
10	序号	湿质量差 $\Delta W/g$	时间间隔 $\Delta \tau /s$	湿质量 Gs/g	干燥时间 τ /s	干基含水量 X	间隔平均含水量 X_m	干燥速率 $N_A \times 10^4$ $kg/(m^2 \cdot s)$
11	0	-	-	24.8	0	1.451	-	-
12	1	1	116.2	23.8	116.2	1.352	1.401	7.355
13	2	1	114.4	22.8	230.6	1.253	1.302	7.471
14	3	1	112.6	21.8	343.2	1.154	1.204	7.591
15	4	1	124.0	20.8	467.2	1.055	1.105	6.893
16	5	1	125.1	19.8	592.3	0.957	1.006	6.832
17	6	1	175.3	18.8	767.6	0.858	0.907	4.876
18	7	1	194.5	17.8	962.1	0.759	0.808	4.394
19	8	1	226.9	16.8	1189.0	0.660	0.709	3.767
20	9	1	265.3	15.8	1454.3	0.561	0.611	3.222
21	10	1	316.3	14.8	1770.6	0.462	0.512	2.702

图 6-44 干燥实验数据处理结果

(2) 数据处理结果的图形表示——创建干燥曲线即 X-τ 图和干燥速率曲线即 N_A-X 图

以 E11：F21 数据区域内容作图，得到干燥曲线（图 6-45）；以 G12：H21 数据区域内容作图，得到干燥速率曲线，并用绘图工具栏中的"直线"工具绘制恒速段干燥曲线和"曲线"工具绘制降速段干燥曲线（图 6-46）。

图 6-45 干燥曲线图

图 6-46 干燥速率曲线图

参 考 文 献

[1] 牟宗刚. 化工原理实验 [M]. 北京：科学出版社，2012.
[2] 徐洪军，王卫东. 化工原理实验 [M]. 北京：航空工业出版社，2014.
[3] 王欲晓. 化工原理实验指导 [M]. 北京：化学工业出版社. 2016.
[4] 王雪静，朱芳坤. 化工原理实验 [M]. 北京：化学工业出版社. 2016.
[5] 杨祖荣. 化工原理实验 [M]. 第二版. 北京：化学工业出版社，2014.
[6] 田维亮. 化工原理实验 [M]. 北京：化学工业出版社，2015.
[7] 王存文. 化工原理实验（双语）[M]. 北京：化学工业出版社，2014.
[8] 谭天恩等. 化工原理（上、下）[M]. 第四版. 北京：化学工业出版社. 2013.
[9] 梁亮. 化工原理实验 [M]. 第二版. 北京：中国石化出版社. 2015.
[10] 赵晓霞，史宝萍. 化工原理实验指导 [M]. 北京：化学工业出版社. 2012.

附录

附录1 常用数据

1. 常压下（101.3kPa）乙醇-水溶液的平衡数据

液相中乙醇的摩尔分数	气相中乙醇的摩尔分数	沸点/℃	液相中乙醇的摩尔分数	气相中乙醇的摩尔分数	沸点/℃
0	0	100	0.4541	0.6343	80.40
0.0201	0.1838	94.95	0.5016	0.6534	80.00
0.0507	0.3306	90.50	0.5400	0.6692	79.75
0.0795	0.4018	87.70	0.5955	0.6989	79.55
0.1048	0.4461	86.20	0.6405	0.7186	79.30
0.1495	0.4977	84.50	0.7063	0.7582	78.85
0.2000	0.5309	83.30	0.7599	0.7926	78.60
0.2500	0.5548	82.35	0.7982	0.8143	78.40
0.3001	0.5770	81.61	0.8597	0.8640	78.20
0.3509	0.5955	81.20	0.8941	0.8941	78.15
0.4000	0.6144	80.75			

2. 乙醇-水溶液密度与组成的关系

体积分数/%	密度/(kg/m^3)	质量分数/%	体积分数/%	密度/(kg/m^3)	质量分数/%
0	998.23	0	30	962.24	24.61
3	993.85	2.38	33	958.39	27.18
6	989.74	4.78	36	954.19	29.78
9	985.96	7.20	39	949.64	32.41
12	982.39	9.16	42	944.79	35.09
15	978.97	12.09	45	939.56	37.80
18	975.70	14.56	48	934.04	40.56
21	972.50	17.04	51	928.22	43.37
24	969.25	19.54	54	992.12	46.22
27	965.83	22.06	57	915.76	49.13

续表

体积分数/%	密度/(kg/m³)	质量分数/%	体积分数/%	密度/(kg/m³)	质量分数/%
60	909.16	52.09	84	847.91	78.19
63	902.31	55.11	87	838.88	81.86
66	895.26	58.19	90	829.26	85.66
69	887.99	61.33	93	818.93	89.63
72	880.51	64.54	96	807.43	93.84
75	872.77	67.83	98	799.97	96.81
78	964.80	71.19	100	789.27	100
81	856.52	74.64			

3. 常压下乙醇-正丙醇汽液平衡数据

x	0	0.126	0.188	0.210	0.358	0.461	0.546	0.600	0.663	0.884	1.000
y	0	0.240	0.318	0.349	0.550	0.650	0.711	0.760	0.799	0.914	1.000

4. 30℃时乙醇质量分数与折射率换算公式

$$W = 58.84416 - 42.61325n$$

5. 酒精相对密度与含量对照表（20℃）

相对密度(20/4℃)	酒精含量			相对密度(20/4℃)	酒精含量		
	体积分数/%	质量分数/%	质量浓度/(g/100mL)		体积分数/%	质量分数/%	质量浓度/(g/100mL)
0.99528	2.00	1.59	1.58	0.95120	38.00	31.53	29.99
0.99243	4.00	3.18	3.16	0.94805	40.00	33.30	31.57
0.98973	6.00	4.78	4.74	0.94477	42.00	35.09	33.15
0.98718	8.00	6.40	6.32	0.94135	44.00	36.89	34.73
0.98476	10.00	8.02	7.89	0.93776	46.00	38.72	36.31
0.98238	12.00	9.64	9.47	0.93404	48.00	40.56	37.89
0.98009	14.00	11.28	11.05	0.93017	50.00	42.43	39.47
0.97786	16.00	12.92	12.63	0.92617	52.00	44.31	41.05
0.97570	18.00	14.56	14.21	0.92209	54.00	46.23	42.62
0.97359	20.00	16.21	15.77	0.91789	56.00	48.16	44.20
0.97145	22.00	17.88	17.37	0.91359	58.00	50.11	45.78
0.96925	24.00	19.55	18.94	0.90915	60.00	52.09	47.36
0.96699	26.00	21.22	20.52	0.90463	62.00	54.10	48.94
0.96456	28.00	22.91	22.10	0.90001	64.00	56.13	50.52
0.96224	30.00	24.61	23.68	0.89531	66.00	58.19	52.10
0.95972	32.00	26.32	25.26	0.89050	68.00	60.28	53.68
0.95703	34.00	28.04	26.84	0.88558	70.00	62.39	55.26
0.95419	36.00	29.78	28.42	0.88056	72.00	64.54	56.83

续表

相对密度 (20/4℃)	酒精含量			相对密度 (20/4℃)	酒精含量		
	体积分数 /%	质量分数 /%	质量浓度 /(g/100mL)		体积分数 /%	质量分数 /%	质量浓度 /(g/100mL)
0.87542	74.00	66.72	58.41	0.83569	88.00	83.12	69.46
0.87019	76.00	68.94	59.99	0.82925	90.00	85.67	71.04
0.86480	78.00	71.19	61.57	0.82246	92.00	88.29	72.62
0.85928	80.00	73.49	63.15	0.81526	94.00	91.01	74.20
0.85364	82.00	75.82	64.73	0.80749	96.00	93.84	75.78
0.84786	84.00	78.20	66.30	0.79900	98.00	96.82	77.36
0.84188	86.00	80.63	67.88	0.78934	100.00	100.00	78.93

附录2 阿贝折光仪的使用方法

1. 准备和校正

将折射仪放置在光线充足的地方，与恒温水浴相连接，用蒸馏水或校正玻璃块对折光仪进行校正。纯水30℃时的折光率为1.33194。

2. 测定某物质的折光指数的步骤如下

（1）测量折光指数时，放置待测液体的薄片状空间可称为"样品室"。测量之前应用无水乙醇和镜头纸将样品室的上下磨砂玻璃表面擦拭干净，以免留有其他物质影响测定的精确度，待无水乙醇完全挥发后才能测量。

（2）在样品室关闭且锁紧手柄的挂钩刚好挂上的状态下，用医用注射器将待测的液体从样品室侧面的小孔注入样品室内，然后立即旋转样品室的锁紧手柄，将样品室锁紧（锁紧即可，但不要用力过大）。

（3）适当调节样品室下方和竖置大圆盘侧面的反光镜，使两镜筒内的视场明亮。

（4）从目镜中可看到刻度的镜筒叫"读数镜筒"，另一个叫"望远镜筒"。先估计一下样品的折光指数数值的大概范围，然后转动竖置大圆盘下方侧面的手轮，将刻度调至样品折光指数数值的附近。

（5）转动目镜底部侧面的手轮，使望远镜筒视场中除黑白两色外无其他颜色。在旋转竖置大圆盘下方侧面的手轮，将视场中黑白分界线调至斜十字线的中心（如附图所示）。

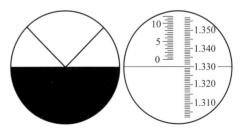

（6）在读数镜筒中看到的右列刻度读数则为待测物质的折光指数数值ND（如附图所示）。

（7）根据读得的折光指数数值ND和样品室的温度，从浓度-折光指数标定曲线查该样品的质量分数。

要注意保持折光仪的清洁，严禁污染光学零件，必要时可用干净的镜头纸或脱脂棉轻轻地擦拭。如光学零件表面有油垢，可用脱脂棉蘸少许洁净的汽油轻轻地擦拭。